U0209448

中国自然环境入侵生物

环境保护部自然生态保护司 编

INVASIVE SPECIES IN
NATURAL ENVIRONMENTS

中国环境科学出版社·北京

图书在版编目（CIP）数据

中国自然环境入侵生物 / 环境保护部自然生态保护司编 .
-- 北京 ：中国环境科学出版社，2012.12
ISBN 978-7-5111-1243-9

Ⅰ．①中… Ⅱ．①环… Ⅲ．①生物—侵入种—研究
Ⅳ．①Q16

中国版本图书馆 CIP 数据核字 (2012) 第 311257 号

出 版 人　王新程
责任编辑　张维平
装帧设计　金　喆

出版发行　中国环境科学出版社
　　　　　（100062　北京市东城区广渠门内大街16号）
　　　　　网　　址：http://www.cesp.com.cn
　　　　　电子邮箱：bjgl@cesp.com.cn
　　　　　联系电话：010-67112765（编辑管理部）
　　　　　　　　　　010-67112738（管理图书出版中心）
　　　　　发行热线：010-67125803，010-67113405（传真）
印　　刷　北京盛通印刷股份有限公司
经　　销　各地新华书店
版　　次　2012年12月第一版
印　　次　2012年12月第一次印刷
开　　本　880×1230　1 / 16
印　　张　11.5
字　　数　200千字
定　　价　198.00元

【版权所有。未经许可，请勿翻印、转载，违者必究】
如有缺页、破损、倒装等印装质量问题，请寄回本社更换

顾问 李干杰 金鉴明 孟 伟

编写人员：

朱广庆（环境保护部自然生态司）

李　培（环境保护部对外经济合作中心）

王　捷（环境保护部自然生态司生物安全管理处）

关　潇（中国环境科学研究院）

张润志（中国科学院动物研究所）

李振宇（中国科学院植物研究所）

刘全儒（北京师范大学）

王印政（中国科学院植物研究所）

于胜祥（中国科学院植物研究所）

侯元同（曲阜师范大学）

车晋滇（北京市植物保护站）

王志良（中国科学院动物研究所）

李俊生（中国环境科学研究院）

王长永（环境保护部南京环境科学研究院）

侯有明（福建农林科技大学）

万方浩（中国农科院植物保护研究所）

鞠瑞亭（上海市园林科学研究所）

李　萍（云南省植物保护站）

吴耀军（广西林业科学研究院）

庞 虹（中山大学）

付悦冠（中国热带农业科学院环境与植物保护研究所）

强 胜（南京农业大学）

桑卫国（中国科学院植物研究所）

王 瑞（中国农科院植物保护研究所）

刘正宇（重庆市中药种植研究所）

武三安（北京林业大学）

周明华（江苏出入境检验检疫局）

朱留财（环境保护部对外经济合作中心）

杨 倩（环境保护部对外经济合作中心）

于 勇（中国环境监测总站）

罗遵兰（中国环境科学研究院）

刘 艳（中国环境科学研究院）

罗 勇（四川省眉山市环保局）

尚建勋（水利部松辽水利委员会）

傅连中（中国科学院植物研究所）

郑昭团（福建省环境保护厅）

闫海山（吉林省环境保护厅）

韩志福（浙江省环境保护厅）

葛伟志（浙江省环境保护厅）

冯建华（广西壮族自治区环境保护厅）

蒋 波（广西壮族自治区环境保护厅）

霍清广（河南省环境保护厅）

赵 杰（河南省环境保护厅）

序

　　环境安全是指人类赖以生存的整体环境不存在危机，其理想的状态是客观上不存在源自于环境的威胁，主观上没有环境问题导致的恐惧，是一种人与自然的"优态共存"，从而确保一种和谐、可持续的发展。环境安全问题的出现主要由于自然性危机和人为性危机两方面原因。生物入侵已成为当今世界各国、各相关国际组织、科学家乃至公众最为关注的重大环境事件之一。受全球经济一体化的迅速发展和极端天气变化、种植业结构调整等方面的影响，我国面临着外来生物入侵量多、面广、蔓延快、危害重的严峻形势。据不完全统计，我国已有 500 种左右外来入侵物种。近十年，新入侵我国的恶性外来物种有 20 多种，常年大面积发生危害的物种有 100 多种，危害区域涉及我国 31 个省（区、市）的农田、森林、湿地、草原等生态系统，对国家经济发展、生态安全和人民群众的身体健康构成了严重威胁。

　　党的十八大把生态文明建设提升到同经济建设、政治建设、文化建设、社会建设同等地位的五位一体总体布局的战略高度，第一次明确提出建设美丽中国的崭新发展理念。美丽中国是生态文明建设的目标指向，生态文明建设是建设美丽中国的必由之路。努力防范外来入侵物种，确保我国生态安全，是生态文明建设的具体体现，是建设美丽中国的重要保证。

　　建设美丽中国，良好的生态环境是生存之本、发展之基、健康之源。生态文明建设为实现人与自然和谐、均衡发展指明了路径。保护自然环境就是保护良好生态和造福人类自己。为了有效控制外来入侵生物对自然生态环境尤其是自然保护区的危害，2003 年原国家环境保护总局公布了我国第一批入侵生物名单 16 种，2010 年环境保护部公布了第二批入侵生物名单 19 种。环境保护部自然生态保护司组织有关专家学者编撰了《中国自然环境入侵生物》一书。该书把 35 种外来入侵物种按分类地位、鉴别特征、生物学特性、原产地、中国分布现状、扩散和危害、控制方法等编排，并配有丰富的图片。相信该工具书为从事外来入侵物种防控的管理者、学者以及公众识别外来入侵物种，防除外来入侵物种起到重要的指导作用。

中国工程院院士

国际欧亚科学院院士　　金鉴明

2012 年 12 月

前言

　　生物入侵已成为当今世界各国、各相关国际组织、科学家乃至公众最为关注的重大事件之一，主要是因为外来物种入侵对世界各地的环境和经济发展造成了巨大危害和严重威胁，并且这种危害和威胁还在逐渐加剧。在国际贸易和人们交往日益频繁的今天，由于意外而伴随引入的外来物种数量更多，这些外来物种越来越多的对本地生态系统产生影响，范围越来越大。

　　我国外来入侵物种数量也在迅速上升，已有外来入侵物种危害范围逐步扩大。松材线虫于 1982 年在我国首次发现，目前已经扩散到 10 省区紫茎泽兰进一步向北、向东扩散，2003 年在三峡地区发现这种危害极其严重的外来杂草。2005 年，我国更是发现了世界著名入侵害虫红火蚁，对人民健康构成严重威胁。我国入侵物种总体损失估计为每年数千亿元人民币（中国环境与发展国际合作委员会）。

　　为了有效控制外来入侵生物对自然生态环境尤其是自然保护区的危害，2003 年原国家环保总局公布了第一批入侵生物名单 16 种，2010 年环保部公布第二批入侵生物名单 19 种。针对上述 2 批 35 种外来入侵物种，我们编印了本书，其中对每一种提供了分类地位、鉴别特征、生物学特性、原产地和中国分布现状、扩散和危害以及简要控制方法，并提供了丰富的图片，希望为国家自然环境的入侵生物防控和自然生态系统保护提供参考。

编者

2012 年 12 月

目录

1

第一批 （2003）

2 第二批 (2010)

第一批

1 紫茎泽兰
Eupatorium adenophorum Spreng.

拉丁异名： *Ageratina adenophora*（Spreng.）
R.M.King et H.Rob.

英文名： Crofton weed

中文异名： 解放草，破坏草，假藿香蓟

分类地位： 菊科 Compositae

鉴别特征： 茎紫色，圆柱形，高 1～2.5 m，被腺状短柔毛，叶对生，卵状三角形，边缘具粗锯齿，具 3 脉。头状花序排成伞房状，总苞长 3～4 mm，总苞片 3～4 层，小花白色。瘦果黑色，具 5 棱，长约 1.5 mm，冠毛长约 3.5 mm。

生物学特性： 多年生草本或亚灌木，行有性和无性繁殖。每株可年产瘦果 1 万粒左右，借冠毛随风传播。根状茎发达，可依靠强大的根状茎快速扩展蔓延。能分泌化感物，排挤邻近多种植物。

原产地： 中美洲，在世界热带地区广泛分布。

中国分布现状： 分布于云南、广西、贵州、四川（西南部）、重庆、台湾，垂直分布上限为 2 500 m。

引入扩散原因和危害： 1935 年在云南南部发现，可能经缅甸传入。在其发生区常形成单种优群落，排挤本地植物，影响天然林的恢复；侵入经济林地和农田，

紫茎泽兰幼苗，王捷拍摄

紫茎泽兰，张润志拍摄

紫茎泽兰，桑卫国拍摄

影响栽培植物生长；堵塞水渠，阻碍交通，全株有毒性，危害畜牧业。

控制方法：(1) 生物防治。泽兰实蝇对植株高生长有明显的抑制作用，野外寄生率可达50% 以上。(2) 替代控制。用臂形草，红三叶草，狗牙根等植物进行替代控制有一定成效。(3) 化学防治。2，4-D，草甘膦，敌草快，麦草畏等 10 多种除草剂对紫茎泽兰地上部分有一定的控制作用，但对于根部效果较差。

紫茎泽兰大面积发生，桑卫国拍摄

溪流旁的紫茎泽兰，王捷拍摄

恢复后再侵入，桑卫国拍摄

针叶林下生长的紫茎泽兰，张润志拍摄

紫茎泽兰虫瘿，张润志拍摄

紫茎泽兰虫瘿，张润志拍摄

虫瘿上的羽化孔，张润志拍摄

紫茎泽兰虫瘿，张润志拍摄

紫茎泽兰花序，车晋滇拍摄

紫茎泽兰花序，车晋滇拍摄

入侵荒山的紫茎泽兰，王瑞拍摄

人为干扰下紫茎泽兰的入侵，王瑞拍摄

路旁生长的紫茎泽兰，王强拍摄

长江上游的紫茎泽兰，王瑞拍摄

路旁生长的紫茎泽兰，王瑞拍摄

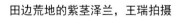

紫茎泽兰群落，孟世勇拍摄

田边荒地的紫茎泽兰，王瑞拍摄

紫茎泽兰群落，孟世勇拍摄

紫茎泽兰群落，王辰拍摄

紫茎泽兰的根状茎，王瑞拍摄

紫茎泽兰的花序，刘正宇拍摄

紫茎泽兰的茎叶特征，高天刚拍摄

紫茎泽兰入侵田边荒地，高天刚拍摄

2 薇甘菊
Mikania micrantha H.B.K.

薇甘菊花序，刘全儒拍摄

英文名：Mile-a-minute weed

分类地位：菊科 Compositae

鉴别特征：茎细长，匍匐或攀缘，多分枝；叶对生，卵形，具腺点，茎中部叶三角状卵形至卵形，基部心形，边缘全缘至具疏齿，先端短渐尖至渐尖；头状花序排成伞房状圆锥形，总苞长约 3.5 mm，小花白色，长 2.5～3 mm；瘦果具 4 棱，长 1.5～2 mm，冠毛污白色，长 2.5～3 mm。

生物学特性：多年生草质或稍木质藤本，兼有性和无性两种繁殖方式。其茎节和节间都能生根，每个节的叶腋都可长出一对新枝，形成新植株。

原产地：热带中美洲；现已广泛分布于亚洲和大洋洲的热带地区。

中国分布现状：现广泛分布于广西、海南、台湾、香港、澳门和广东珠江三角洲地区。

引入扩散原因和危害：1919 年曾在香港出现，1984 年在深圳发现。薇甘菊是一种具有超强繁殖能力的藤本植物，攀上灌木和乔木后，能迅速形成整株覆盖之势，使植物因光合作用受到破坏窒息而死，薇甘菊也可通过产生化感物质来抑制其他植物的生长。对 6～8 m 以下林木，尤其对一些郁密度小的次生林，风景林的危害最为严重，可造成成片树木枯萎死亡而形成灾难性后果。该种已被列为世界上最有害的 100 种外来入侵物种之一。

薇甘菊，李振宇拍摄

控制方法：目前尚无有效的防治方法，国内外正在开展化学和生物防治的研究。

薇甘菊，李振宇拍摄

薇甘菊丛生危害，刘全儒拍摄

薇甘菊大面积发生，李振宇拍摄

薇甘菊入侵危害，刘全儒拍摄

薇甘菊大面积入侵，刘演拍摄

微甘菊大面积发生，刘全儒拍摄

3 空心莲子草
Alternanthera philoxeroides (Mart.) Griseb

英文名：Alligator weed

中文异名：水花生，喜旱莲子草

分类地位：苋科 Amaranthaceae

鉴别特征：水生型植株无根毛，茎长达 1.5～2.5 m。陆生型植株可形成直径达 1 cm 左右的肉质储藏根，有根毛，株高一般 30 cm，茎秆坚实，节间最长 15 cm，直径 3～5 mm，髓腔较小。叶对生，长圆形至倒卵状披针形。头状花序具长 1.5～3 cm 的总梗。花白色或略带粉红，雄蕊 5。

生物学特性：多年生草本，以茎节行营养繁殖；旱地型肉质储藏根受刺激时可产生不定芽。生长高峰期每天可生长 2～4 cm。花期 5～10 月，常不结实。

原产地：南美洲；世界温带及亚热带地区广泛分布。

中国分布现状：几乎遍及我国黄河流域以南地区。天津、北京近年也发现归化植物。

引入扩散原因和危害：1892 年在上海附近岛屿出现，20 世纪 50 年代作猪饲料推广栽培，此后逸生导致草灾，表现在：(1) 堵塞航道，影响水上交通；(2) 排挤其他植物，使群落物种单一化；(3) 覆盖水面，影响鱼类生长和捕捞；(4) 在农田危害作物，使产量受损；(5) 田间沟渠大量繁殖，影响农田排灌；(6) 入侵湿地，草坪，破坏景观；(7) 滋生蚊蝇，危害人类健康。

空心莲子草花序，侯元同拍摄

控制方法：（1）用原产南美的专食性天敌昆虫莲草直胸跳甲 *Agasicles hygrophila* 防治水生型植株效果较好，但对陆生型的效果不佳。（2）机械、人工防除适用于密度较小或新入侵的种群。（3）用草甘膦，农达，水花生净等除草剂作化学防除，短期内对地上部分有效。

空心莲子草花枝，侯元同拍摄

空心莲子草水边丛生，侯元同拍摄

空心莲子草水边丛生，侯元同拍摄

空心莲子草密集生长，侯元同拍摄

空心莲子草，王瑞拍摄

空心莲子草花蕾，王瑞拍摄

空心莲子草大面积发生，李振宇拍摄

4 豚草

Ambrosia artemisiifolia L.

豚草，李振宇拍摄

英文名： Ragweed，Bitterweed

分类地位： 菊科 Compositae

鉴别特征： 高 20～150 cm，茎下部叶对生，上部叶互生，叶一至二回羽裂，裂片全缘或具小裂片状齿。雄花序总苞碟形，排成总状，雌花序生雄花序下或生上部叶腋。瘦果包藏于木质的总苞内，形成刺果，刺果倒卵形或卵形长圆形，长 4～5 mm，顶端具喙，中部以上 5～8 个尖刺，环状排列，散生糙毛。

生物学特性： 一年生草本，生于荒地，路边，沟旁或农田中，适应性广。种子产量高，每株可产种子 300～62 000 粒。刺果主要靠水，鸟和人为携带传播。豚草种子具二次休眠特性，抗逆力极强。

原产地： 北美洲；在世界各地区归化。

中国分布现状： 东北、华北、西北、华中和华东等地约 15 个省、直辖市。

引入扩散原因和危害： 1935 年发现于杭州，为一种恶性杂草，其危害性表现在：(1) 花粉是人类花粉病的主要病原之一；(2) 侵入农田，导致作物减产；(3) 释放多种化感物质，对禾木科，菊科等植物有抑制，排斥作用。

控制方法： (1) 用豚草卷蛾进行生物防治有良好效果；(2) 苯达松，虎威，克芜踪，草甘膦等可有效控制豚草生长；(3) 用紫穗槐，沙棘等进行替代控制有良好的效果。

豚草，刘全儒拍摄

豚草花序，车晋滇拍摄

半枯萎的豚草，刘全儒拍摄

豚草茎叶，刘全儒拍摄

豚草幼苗，车晋滇拍摄

豚草花序，车晋滇拍摄

5 毒麦

Lolium temulentum L.

英文名：Darnel rye-grass，Poison darnel

分类地位：禾本科 Gramineae

鉴别特征：茎丛生，高 20 ～ 120 cm。叶线状披针形，长 6 ～ 40 cm，宽 3 ～ 13 cm。穗狭，长 5 ～ 40 cm，主轴波状曲折，两侧沟状，具 8 ～ 19 个互生的小穗；每小穗含 2(4) ～ 6 个花。第二颖具 5 ～ 9 脉；芒长 7 ～ 15 mm。颖果长椭圆形，长 4 ～ 6 mm，绿而具紫褐晕。

生物学特性：越年生或一年生草本，适应性广，分蘖力较强。其子实比小麦早熟，熟后随颖片脱落。种子繁殖。

原产地：欧洲地中海地区；现广布世界各地。

中国分布现状：除西藏和台湾外，各省（区）都曾有过报道。

引入扩散原因和危害：随麦种传播。1954 年在从保加利亚进口的小麦中发现，可造成麦类作物严重减产。麦种受毒麦座盘菌 *Stromatinia temulenta* Prill.& Del. 侵染产生毒麦碱（Temuline），能麻痹中枢神经。人食用含 4% 毒麦的面粉，就能引起中毒。毒麦做饲料时也可导致家畜，家禽中毒。

控制方法：人工拔除。

长芒毒麦穗、子实（腹面右，背面左）
强胜、吴海荣拍摄

长芒毒麦——麦田受感染情况   强胜、王开金拍摄

毒麦果序，
车晋滇拍摄

6 互花米草

Spartina alterniflora Loisel.

英文名：Smooth cord-grass

分类地位：禾本科 Gramineae

鉴别特征：秆高 1～1.7 m，直立，不分枝。叶长达 60 cm，基部宽 0.5～1.5 cm，至少干时内卷，先端渐狭成丝状；叶舌毛环状，长 1～1.8 cm。圆锥花序由 3～13 个 (3)5～15 cm 长的直立的穗状花序组成；小穗长 10～18 mm，覆瓦状排列。颖先端多少急尖，具 1 脉，第一颖短于第二颖，无毛或沿脊疏生短柔毛；花药长 5～7 mm。

互花米草花序，侯有明拍摄

生物学特性：多年生草本，生于潮间带。植株耐盐耐淹，抗风浪。种子可随风浪传播。根系分布深达 60 cm 的滩土中，单株一年内可繁殖几十甚至上百株。

原产地：美国东南部海岸；在美国西部和欧洲海岸归化。

中国分布现状：江苏、上海（崇明岛）、浙江、福建、广东、香港。

引入扩散原因和危害：1979 年引入，曾取得了一定的经济效益。但近年来在一些地方变成了害草，表现在：(1) 破坏近海生物栖息环境，影响滩涂养殖；(2) 堵塞航道，影响船只出港；(3) 影响海水交换能力，导致水质下降，并诱发赤潮；(4) 威胁本土海岸生态系统，致使大片红树林消失。

控制方法：除草剂能清除地表以上部分，但对于滩涂中的种子和根系效果较差。

互花米草，王捷拍摄

入侵湿地，李俊生拍摄

大面积发生危害，王捷拍摄

海湾互花米草群落，关潇拍摄

潮汐带上的互花米草，李俊生拍摄

叶片已部分枯黄，王捷拍摄

湿地中的生长情况，关潇拍摄

滩涂生长的互花米草，关潇拍摄

生长茂密，王捷拍摄

大面积发生，关潇拍摄

互花米草，李俊生拍摄

互花米草花序，李俊生拍摄

互花米草大面积入侵，于胜祥拍摄

互花米草大面积入侵，于胜祥拍摄

海湾生长的互花米草丛，李俊生拍摄

互花米草大面积入侵，于胜祥拍摄

海边滩涂上的互花米草，李俊生拍摄

互花米草，侯有明拍摄

互花米草，侯有明拍摄

互花米草，侯有明拍摄

互花米草，侯有明拍摄

互花米草 ，侯有明拍摄

互花米草，刘全儒拍摄

互花米草，刘全儒拍摄

互花米草，刘全儒拍摄

互花米草，刘全儒拍摄

互花米草，刘全儒拍摄

互花米草果序，于胜祥拍摄

互花米草，刘全儒拍摄

互花米草，刘全儒拍摄

互花米草大面积发生，于胜祥拍摄

7 飞机草
Eupatorium odoratum L.

飞机草花序，于胜祥拍摄

拉丁异名： *Chromolaena odorata* (L.) R.M.King et H.Rob.

英文名： Fragrant eupatorium, Bitter bush, Siam weed

中文异名： 香泽兰

分类地位： 菊科 Compositae

鉴别特征： 高达 3～7 m，根茎粗壮，茎直立，分枝伸展。叶对生，卵状三角形，先端渐尖，边缘有粗锯齿，有明显的三脉，两面粗糙，被柔毛及红褐色腺点，挤碎后有刺激性的气味；头状花序排成伞房状；总苞圆柱状，长1 cm，总苞片 3～4 层。花冠管状，淡黄色，柱头粉红色。瘦果狭线形，有棱，长 4～5 mm，棱上有短硬毛，冠毛污白色，有糙毛。

生物学特性： 丛生型的多年生草本或亚灌木，瘦果能借冠毛随风传播，而成熟季节恰值干燥多风的旱季，故扩散，蔓延迅速。种子的休眠期很短，在土壤中不能长久存活。在海南岛 1 年开花 2 次，第一次 4～5 月，第二次 9～12 月。

原产地： 中美洲；在南美洲、亚洲、非洲热带地区广泛分布。

中国分布现状： 台湾、广东、香港、澳门、海南、广西、云南、贵州。

引入扩散原因和危害： 飞机草在 20 世纪 20 年代早期曾作为一种香料植物引种到泰国栽培，1934 年在云南南部被发现。危害多种作物，并侵犯牧场。当高度达

15cm 或更高时，就能明显地影响其他草本植物的生长，能产生化感物质，抑制邻近植物的生长，还能使昆虫拒食。叶有毒，含香豆素。用叶擦皮肤会引起红肿，起疱，误食嫩叶会引起头晕，呕吐，还能引起家畜和鱼类中毒，并是叶斑病原 *Cercospora* sp. 的中间寄主。

控制方法：先用机械或人工拔除，紧接着用除草剂处理或种植生命力强，覆盖好的作物进行替代，此外，用天敌昆虫 *Pareuchaetes pseudoinsulata* 控制有一定效果。

飞机草花序，于胜祥拍摄

飞机草花枝，于胜祥拍摄

飞机草幼花序，于胜祥拍摄

飞机草植株，于胜祥拍摄

山脚大面积发生的飞机草，
刘演拍摄

农舍旁生长的飞机草，
刘演拍摄

沿道路入侵的飞机草，
于胜祥拍摄

飞机草成株，车晋滇拍摄

飞机草入侵危害，傅连中拍摄

8 凤眼莲

Eichhornia crassipes (Mart.) Solms

英文名： Water hyacinth

中文异名： 凤眼蓝，水葫芦

分类地位： 雨久花科 Pontederiaceae

鉴别特征： 水上部分高 30 ～ 50(100) cm，或更高。茎具长匍匐枝。叶基生呈莲座状，宽卵形，宽卵形至肾状圆形，光亮，具弧形脉；叶柄中部多少膨大，内有多数气室。花紫色，上方一片较大，中部具有黄斑。蒴果卵形。

生物学特性： 多年生草本，浮水或生泥沼中。繁殖方式以无性为主，依靠匍匐枝与母株分离方式，植株数量可在 5 天内增加 1 倍。一株花序可产生 300 粒种子，种子沉积水下可存活 5 ～ 20 年。常生于水库，湖泊，池塘，沟渠，流速缓慢的河道，沼泽地和稻田中。

原产地： 巴西东北部；现分布于全世界温暖地区。

中国分布现状： 辽宁南部、华北、华东、华中和华南的 19 个省（自治区，直辖市）有栽培，在长江流域及其以南地区逸生为杂草。

引入扩散原因和危害： 1901 年从日本引入台湾作花卉，20 世纪 50 年代作为猪饲料推广后大量逸生，堵塞河道，影响航运，排灌和水产品养殖；破坏水生生态系统，威胁本地生物多样性；吸附重金属等有毒物质，死亡后沉入水底，构成对水质的二次污染；覆盖水面，影响生活用水；滋生蚊蝇。

控制方法： (1) 人工打捞；(2) 专食性天敌昆虫凤眼蓝象 *Neochetina eichhorniae* Warner 和 *N. bruchi* 有控制效果；(3) 除草剂在短时间内有效。

凤眼莲成株，车晋滇拍摄

凤眼莲，王捷拍摄

白洋淀凤眼莲，王捷拍摄

外来入侵植物凤眼莲，张润志拍摄

公园大量发生的凤眼莲，张润志拍摄

凤眼莲花序，车晋滇拍摄

凤眼莲群体，车晋滇拍摄

凤眼莲花序，于胜祥拍摄

凤眼莲花序，于胜祥拍摄

凤眼莲幼株 ，车晋滇拍摄

凤眼莲花序，于胜祥拍摄

凤眼莲花序，张润志拍摄

9　假高粱　*Sorghum halepense* (L.) Pers.

英文名： Johnson grass

中文异名： 石茅，阿拉伯高粱

分类地位： 禾本科 Gramineae

鉴别特征： 根状茎延长，具分枝。秆直立，高 1～3 m，叶宽线形，叶舌具缘毛。圆锥花序大型，淡紫色至紫黑色；分枝轮生，与主轴交接处有白色柔毛；小穗成对，其中一个具柄，另一个无柄，长 3.5～4 mm，无芒，被柔毛。颖果棕褐色，倒卵形。

生物学特性： 多年生草本，生于田间，果园，以及河岸，沟渠，山谷，湖岸湿处。花期 6～7 月，果期 7～9 月，种子和根茎繁殖。

原产地： 地中海地区。现广布于世界热带和亚热带地区，以及加拿大，阿根廷等高纬度国家。

中国分布现状： 台湾、广东、广西、海南、香港、福建、湖南、安徽、江苏、上海、辽宁、北京、河北、四川、重庆、云南。

引入扩散原因和危害： 20 世纪初曾从日本引到台湾南部栽培，同一时期在香港和广东北部发现归化，种子常混在进口作物种子中引进和扩散。是高粱，玉米，小麦，棉花，大豆，甘蔗，黄麻，洋麻，苜蓿等 30 多种作物地里的杂草，不仅通过生态位竞争使作物减产，还可能成为多种致病微生物和害虫的寄主。此外，该种可与同属其他种杂交。

控制方法： (1) 对混在进口种子中的种子，可用风选等方法去除；(2) 配合伏耕和秋耕除草，将其根茎置于高温，干燥环境下；(3) 用暂时积水的方法，抑制其生长；(4) 用草甘膦或四氟丙酸等除草剂防治。

河边生长的假高粱，刘全儒拍摄

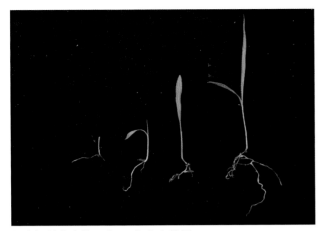

假高粱幼苗生长示意， 朱金文拍摄

假高粱匍匐枝，李振宇拍摄

假高粱，李振宇拍摄

假高粱幼花序，李振宇拍摄

假高粱叶鞘，朱金文拍摄

假高粱根系，车晋滇拍摄

假高粱花果序，车晋滇拍摄

假高粱花序，刘全儒摄

10 蔗扁蛾 *Opogona sacchari* (Bojer)

英文名：Banana moth

中文异名：香蕉蛾

分类地位：鳞翅目 Lepidoptera 辉蛾科 Hieroxestidae

鉴别特征：成虫体长 7.5 ～ 10 mm。翅披针形，前翅有 2 个明显的黑褐色斑点和许多细褐纹。触角丝状。足粗壮而扁，跗节最长，后足胫节有 2 对距。卵椭圆形，淡黄色，长约 0.5 mm。幼虫乳白色，透明。被蛹，亮褐色，背面暗红褐色，首尾两端多呈黑色。

生物学特性：1 年发生 3 ～ 4 代，在 15℃时生活周期约为 3 个月，在温度较高的条件下，可达 8 代。幼虫活动能力极强，行动敏捷，蛀食皮层，茎秆，咬食新根。以幼虫在寄主花木的土中越冬，翌年幼虫上树危害，多在 3 年以上巴西木的干皮内蛀食。卵散产或成堆，每雌虫产卵 50 ～ 200 粒。食性广，寄主植物达 60 余种。

原产地：非洲热带，亚热带地区。

中国分布现状：已传播到 10 余个省（区、市）。南方发生较严重，凡有巴西木（香龙血树 *Dracaena fragrans* Ker-Gawl.）的地方几乎都有蔗扁蛾发生危害。

引入扩散原因和危害：随寄主植物很容易扩散和传播，已在欧洲、南美洲、西印度群岛、美国等地区发现。巴西木是其重要寄主植物。1987 年，蔗扁蛾随进口的巴西木进入广州。随着巴西木在我国的普及，蔗扁蛾也随之扩散，20 世纪 90 年代传播到了北京。蔗扁蛾食性十分广泛，威胁香蕉、甘蔗、玉米、马铃薯等农作物及温室栽培的植物，特别是一些名贵花卉等。感染植物轻则

蔗扁蛾成虫

局部受损，重则将整段干部的皮层全部蛀空。

控制方法： 幼虫越冬入土期，是防治此虫的有利时机。可用菊杀乳油等速杀性的药剂灌浇茎的受害处，并用敌百虫制成毒土，撒在花盆表土内。大规模生产温室内，可挂敌敌畏布条熏蒸，或用菊醋类化学药剂喷雾防治。当巴西木茎局部受害时，可用斯氏线虫局部注射进行生物防治。

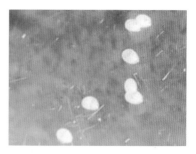

蔗扁蛾卵

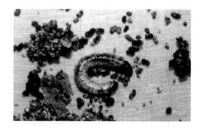

蔗扁蛾幼虫

蔗扁蛾蛹

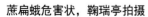

蔗扁蛾危害状，鞠瑞亭拍摄

蔗扁蛾蛹壳

蔗扁蛾危害状

蔗扁蛾危害大田甘蔗，鞠瑞亭拍摄

蔗扁蛾幼虫，鞠瑞亭拍摄

11 湿地松粉蚧
Oracella acuta (Lobdell)

英文名：Lobdelly pine mealybug

中文异名：火炬松粉蚧

分类地位：半翅目 Hemiptera，粉蚧科 Pseudococcidae

鉴别特征：若虫椭圆形至不对称椭圆形，长 1.0～1.5 mm。3 对足。末龄后期虫体分泌蜡质物形成白色蜡包，覆盖虫体。雄成虫分有翅型和无翅型两种。与其他松粉蚧区别：湿地松粉蚧雌成虫梨形，腹部向后尖削，触角 7 节，而我国松粉蚧雌成虫多为纺锤形，触角 8 节。

生物学特性：若虫和雌成虫刺吸松梢汁液危害，危害时主要集中在枝梢端部，特别粗壮的枝梢虫口数量最多。仅在越冬时部分若虫藏匿于老针叶叶鞘内，对温度条件要求不严格，可忍受一定的低温。

原产地：美国。

中国分布现状：广东、广西、福建等地。

引入扩散原因和危害：1988 年随湿地松无性系繁殖材料进入广东省台山，到 1994 年已扩散蔓延至广东省多个县市，破坏了 27.7 万 hm² 的松林。正以每年 70 000 hm² 的速度进行散布。近 30 年来，中国自美洲引入不少松树优良种，种植最广的有湿地松、火炬松和加勒比松，这些寄主为湿地松粉蚧的扩散提供了便利。它同时对我国当地的马尾松（*Pinus massoniana*）、南亚松（*Pinus latteri*）等构成严重威胁，广东中部沿海的低海拔地带危害已相当严重。危害区正在迅速扩散。

湿地松粉蚧

湿地松粉蚧寄生危害

湿地松粉蚧寄生松枝

该虫可以忍受冬季低温，说明有继续向北扩散的可能性。

控制方法：国内进行了不少的化学药剂和微生物防治实验，取得一定的杀虫效果，但在生产上还未进行大面积使用。

12 红脂大小蠹

Dendroctonus valens Le Conte

红脂大小蠹成虫，张润志拍摄

英文名：Red turpentine beetle

中文异名：强大小蠹

分类地位：鞘翅目 Coleptera，小蠹科 Scolytidae

鉴别特征：成虫圆柱形，长 5.7～10.0 mm，淡色至暗红色。雄虫长是宽的 2.1 倍，成虫体有红褐色，额不规则凸起，前胸背板宽。具粗的刻点，向头部两侧渐窄，不收缩；虫体稀被排列不整齐的长毛。雌虫与雄虫相似，但眼线上部中额隆起明显，前胸刻点较大，鞘翅端部粗糙，颗粒稍大。

生物学特性：主要危害已经成材且长势衰弱的大径立木，在新鲜伐桩和伐木上危害尤其严重。1 年 1～2 代，虫期不整齐，一年中除越冬期外，在林内均有红脂大小蠹成虫活动，高峰期出现在 5 月中下旬。雌成虫首先到达树木，蛀入内外树皮到形成层，木质部表面也可被刻食。在雌虫侵入之后较短时间里，雄虫进入坑道。当达到形成层时，雌虫首先向上蛀食，连续向两侧或垂直方向扩大坑道，直到树液流动停止。一旦树液流动停止，雌虫向下蛀食，通常达到根部。侵入孔周围出现凝结成漏斗状块的流脂和蛀屑的混合物。各种虫态都可以在树皮与韧皮部之间越冬，且主要集中在树的根部和基部。

原产地：美国、加拿大、墨西哥、危地马拉和洪都拉斯等美洲地区。

中国分布现状：现分布于山西、陕西、河北、河南、北京等地。

引入扩散原因和危害：1998 年在我国山西省阳城、沁水首次发现，推测与 20 世纪 80 年代后期山西从美国引进木材有关。与北美洲发生情况不同的是，它不仅攻击树势衰弱的树木，也对健康树进行攻击，导致发生区内寄主的大量死亡。1999 年年底，该虫在河北、河南、山西发生面积 52.6 万 hm²，其中严重危害面积 13 万 hm² 时，个别地区油松死亡率高达 30%，已导致 600 多万株的松树枯死。在山西，2000 年的调查统计，危害面积达 16.3 万 hm² 时，其中成灾面积 9.1 万 hm²，已有 342.4 万株成材油松受害枯死。

控制方法：清除严重受害树，并对伐桩进行熏蒸等处理，消灭残余小蠹和避免其再次在伐桩上产卵危害。在成虫侵入期采用菊酯类农药在树基部喷雾，可防止成虫侵害。

红脂大小蠹成虫聚集，张润志拍摄

红脂大小蠹幼虫，买国庆拍摄

红脂大小蠹口器特写，张润志拍摄

红脂大小蠹成虫钻蛀，张润志拍摄

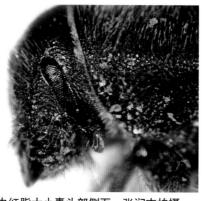

入侵害虫红脂大小蠹头部侧面，张润志拍摄

红脂大小蠹成虫，张润志拍摄

红脂大小蠹触角，张润志拍摄

红脂大小蠹足，张润志拍摄

红脂大小蠹成虫背面观，张润志拍摄

红脂大小蠹钻蛀危害，张润志拍摄

红脂大小蠹成虫，张润志拍摄

红脂大小蠹，张润志拍摄

红脂大小蠹危害后的树木木质部，张润志拍摄

红脂大小蠹蛀孔，孙江华提供

红脂大小蠹死虫，孙江华提供

红脂大小蠹危害状，孙江华提供

红脂大小蠹蛀孔，孙江华提供

红脂大小蠹诱捕器，孙江华提供

红脂大小蠹熏蒸防治，孙江华提供

红脂大小蠹危害状，孙江华提供

红脂大小蠹危害致死的树木，孙江华提供

红脂大小蠹造成林区大面积受害，孙江华提供

红脂大小蠹危害状，孙江华提供

13 美国白蛾
Hyphantria cunea (Drury)

英文名：Fall webworm，American white moth

中文异名：秋幕毛虫，秋幕蛾

分类地位：鳞翅目 Lepidoptera，灯蛾科 Arctiidae

鉴别特征：成虫白色，体长 12～15 mm。雄虫触角双栉齿状。前翅上有几个褐色斑点。雌虫触角锯齿状，前翅纯白色。卵球形。幼虫体色变化很大，根据头部色泽分为红头型和黑头型两类。蛹长纺锤形，暗红褐色，茧褐色或暗红色，由稀疏的丝混杂幼虫体毛组成。

生物学特性：美国白蛾在辽宁等地 1 年发生 2 代。以蛹在树皮下或地面枯枝落叶处越冬，幼虫孵化后吐丝结网，群集网中取食叶片，叶片被食尽后，幼虫移至枝杈和嫩枝的另一部分织一新网。

原产地：北美洲。

中国分布现状：现分布于辽宁、河北、山东、天津、陕西等地。

引入扩散原因和危害：1940 年传入欧洲，现已传入欧洲 10 多个国家，以及日本，朝鲜半岛，土耳其。1979 年传入我国辽宁丹东一带，1981 年由渔民自辽宁捎带木材传入山东荣成县，并在山东相继蔓延，1995 年在天津发现，1985 年在陕西武功县发现并形成危害。主要通过木材，木包装等进行传播，还可通过飞翔进一步扩散。其繁殖力强，扩散快，每年可向外扩散 35～50 km。可危害果树，林木，农作物及野生植物等 200 多种植物。在果园密集的地方以及游览区、林荫道发生严重时可将全株树

美国白蛾成虫，张润志拍摄

叶食光，造成部分枝条甚至整株死亡，严重威胁养蚕业，林果业和城市绿化，造成惊人的损失。此外，被害树长势衰弱，易遭其他病虫害的侵袭，并降低抗寒抗逆能力。幼虫喜食桑叶，对养蚕业构成威胁。

控制方法：利用人工、机械、化学等方法控制其危害，如利用黑光灯诱杀成蛾，人工剪除网幕；秋冬季人工挖蛹；喷施溴氰菊酯、灭幼脲等化学和生物杀虫剂等。

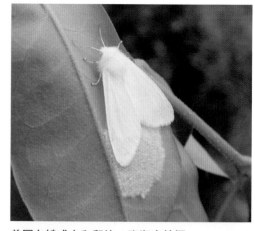

美国白蛾成虫和卵块，张润志拍摄

美国白蛾成虫，张润志拍摄

美国白蛾幼虫，张润志拍摄

美国白蛾危害状，张润志拍摄

美国白蛾幼虫，张润志拍摄

美国白蛾卵块和初孵幼虫，张润志拍摄

美国白蛾成虫和卵块，张润志拍摄

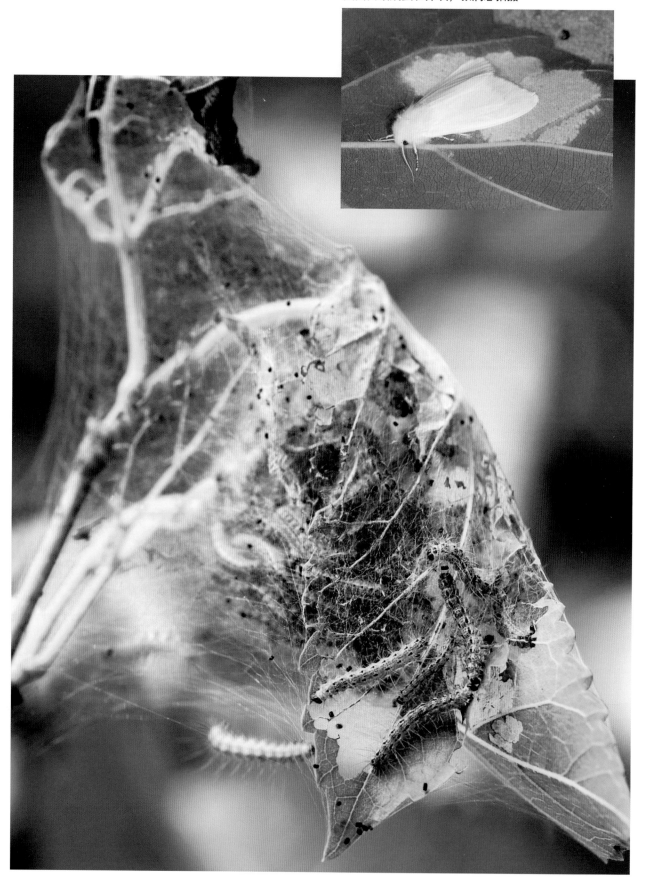

美国白蛾危害状，张润志拍摄

美国白蛾幼虫和网幕，张润志拍摄

网幕，张润志拍摄

美国白蛾幼虫及网幕，张润志拍摄

美国白蛾蛹，张润志拍摄

美国白蛾危害状，
张润志拍摄

美国白蛾危害榆树，张润志拍摄

14 非洲大蜗牛
Achating fulica (Fochrussac)

非洲大蜗牛，李萍拍摄

英文名：Giant african snail

中文异名：褐云玛瑙螺，东风螺，菜螺，花螺，法国螺

分类地位：柄眼目 Stylomnatophora，玛瑙螺科 Achatinidae

鉴别特征：贝壳长卵圆形，深黄色或黄色，具褐色白色相杂的条纹；脐孔被轴唇封闭，壳口长扇形；壳内浅蓝色，螺层数为 6.5～8；软体部分深褐色或牙黄色，贝壳高 10 cm 左右。足部肌肉发达，背面呈暗棕色，黏液无色。

生物学特性：喜栖息于植被丰富的阴暗潮湿环境及腐殖质多的地方。6～9 月最活跃，晨昏或夜间活动。食性杂而量大，幼螺多为腐食性。雌雄同体，异体交配，生长迅速，5 个月即可交配产卵。繁殖力强，一次产卵数达 100～400 枚。寿命长，可达 5～7 年。抗逆性强，遇到不良环境时，很快进入休眠状态，在这种状态下可生存几年。

原产地：非洲东部沿岸坦桑尼亚的桑给巴尔、奔巴岛、马达加斯加岛一带。

中国分布现状：现已扩散到广东、香港、海南、广西、云南、福建、台湾等地。

引入扩散原因和危害：作为人类的食物，宠物以及动物饲料等引入，除原产地外，已扩散至南亚，东南亚，日本，美国等地，扩散速度很快。20 世纪 20 年代末 30 年代初，在福建厦门发现，可能是由一新加坡华人所带的植物而引入的。后被作为美味食物，被引入多个南方省份。除人为主动引入外，其卵和幼体可随观赏植物，木材，车辆，包装箱等传播，卵期可混入土壤中传播。它们咬断各种农作物幼芽、嫩枝、嫩叶、树茎表皮，已经成为危害农作物，蔬菜和生态系统的有害生物。这种螺也是人畜寄生虫和病原菌的中间宿主。

控制方法：养殖场必须建立隔离制度，养殖结束后必须进行彻底的灭螺处理。除药物防治外，应使用各种方法尽量对其杀灭。

非洲大蜗牛危害芭蕉，李萍拍摄

非洲大蜗牛聚集，李萍拍摄

非洲大蜗牛产卵，李萍拍摄

非洲大蜗牛于土下聚集，李萍拍摄

非洲大蜗牛，李萍拍摄

非洲大蜗牛危害，李萍拍摄

非洲大蜗牛危害，李萍拍摄

非洲大蜗牛危害仙人掌，李萍拍摄

非洲大蜗牛危害果树，李萍拍摄

非洲大蜗牛危害玉米，李萍拍摄

15 福寿螺 *Pomacea canaliculata* Spix

福寿螺，刘全儒拍摄

英文名： Apple snail, Golden apple snail, Amazonian snail

中文名： 大瓶螺、苹果螺、雪螺

分类地位： 中腹足目 Mesogastropoda，瓶螺科 Ampullariidae

鉴别特征： 贝壳较薄，卵圆形；淡绿橄榄色至黄褐色，光滑。壳顶尖，具5～6个增长迅速的螺层。螺旋部短圆锥形，体螺层占壳高的5/6。缝合线深。壳口阔且连续，高度占壳高的2/3；胼胝部薄，蓝灰色。脐孔大而深。厣角质，卵圆形，具同心圆的生长线。厣核近内唇轴缘。壳高8 cm以上；壳径7 cm以上，最大壳径可达15 cm。

生物学特性： 喜栖于缓流河川及阴湿通气的沟渠、溪河及水田等处。底栖性，雌雄异体。食性杂。有蛰伏和冬眠习性。3月上旬开始交配，在近水的挺水植物茎上或岸壁上产卵，初产卵块呈鲜艳的橙红色，在空气中卵渐呈浅粉色。一只雌性福寿螺通常1年产2 400～8 700个卵，孵化率可高达90%。其繁殖速度比亚洲稻田中当地近缘物种快10倍左右。虽然是水生种类，但可以在干旱季节埋藏在湿润的泥中度过6～8个月。一旦发洪水或被灌溉时，它们又能再次活跃起来。

原产地： 亚马孙河流域。

中国分布现状： 广泛分布于广东、广西、云南、福建、浙江等地。

引入扩散原因和危害：作为高蛋白食物最先被引入台湾，1981 年引入广东，1984 年前后，已在该省作为特种经济动物广为养殖，后又被引入其他省份养殖。但由于养殖过度，口味不佳，市场需求并不好，而被大量遗弃或逃逸，并很快从农田扩散到天然湿地。福寿螺食量极大，并可啃食很粗糙的植物，还能刮食藻类，其排泄物能污染水体。其对水稻生产造成的损失显然大大超过其作为美食的价值。除威胁入侵地的水生贝类、水生植物和破坏食物链构成外，福寿螺也是卷棘口吸虫，广州管圆线虫的中间宿主。

控制方法：重点抓好越冬成螺和第一代成螺产卵盛期前的防治，压低第二代的发生量，并及时抓好第二代的防治。以整治和破坏其越冬场所，减少冬后残螺量，以及人工捕螺摘卵，养鸭食螺为主，辅之药物防治。

福寿螺，刘全儒拍摄

福寿螺在水中爬行，张润志拍摄

福寿螺产卵，买国庆拍摄

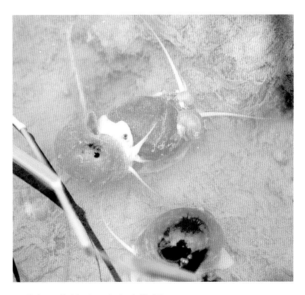

福寿螺聚集繁殖，张润志拍摄

福寿螺及卵块，刘全儒拍摄

大量福寿螺卵块，刘全儒拍摄

福寿螺卵块，张润志拍摄

福寿螺卵块，张润志拍摄

福寿螺卵块，张润志拍摄

福寿螺卵块，刘全儒拍摄

入侵物种福寿螺的卵块，赵亚辉拍摄

福寿螺在木桩上产卵，张润志拍摄

16 牛蛙 *Rana catesbeiana* Shaw

英文名：Bullfrog, American bullfrog

中文异名：美国青蛙

分类地位：无尾目 Anura (Salientia)，蛙科 Ranidae

鉴别特征：体大粗壮，体长 152～170 mm。头长宽相近，吻端钝圆，鼻孔近吻端朝向上方，鼓膜甚大。背部皮肤略显粗糙。卵粒小，卵径 1.2～1.3 mm。蝌蚪全长可在 100 mm 以上。

生物学特性：在水草繁茂的水域生存和繁衍。成蛙除繁殖季节集群外，一般分散栖息在水域内。蝌蚪多底栖生活，常在水草间觅食活动。食性广泛且食量大，包括昆虫及其他无脊椎动物，还有鱼、蛙、蝾螈，幼龟，蛇，小型鼠类和鸟类等，甚至有互相吞食的行为。1 年可产卵 2～3 次，每次产卵 10 000～50 000 粒，3～5 年性成熟，寿命 6～8 年。

原产地：北美洲落基山脉以东地区，北到加拿大，南到佛罗里达州北部。

中国分布现状：北京以南地区除西藏、海南、香港和澳门外，均有自然分布。

引入扩散原因和危害：因食用而被广泛引入世界各地，1959 年引入我国。牛蛙适应性强，食性广，天敌较少，寿命长，繁殖能力强，具有明显的竞争优势，易于入侵和扩散。本地两栖类则面临减少和绝灭的危险，甚至已经影响到生物多样性，如滇池的本地鱼类，同时对一些昆虫种群也存在威胁。早期的养殖和管理方法不当是造成其扩散的主要原因。国内贸易和消耗加工

牛蛙成体，张润志拍摄

过程中缺乏严格管理，动物在长途贩运和加工过程中逃逸现象普遍。

控制方法：加强牛蛙饲养管理以及对餐饮业的控制，以免入侵范围进一步扩大。改变饲养方式，由放养改为圈养。在蝌蚪阶段进行清塘性处理来控制种群数量。捕捉和消耗牛蛙成体资源，以控制其在自然生境中的数量。

牛蛙正面观，张润志拍摄

牛蛙头部侧面观，张润志拍摄

牛蛙眼及鼓膜，张润志拍摄

牛蛙成体，张润志拍摄

牛蛙成体，张润志拍摄

牛蛙，刘胜英拍摄

牛蛙，张润志拍摄

牛蛙，张润志拍摄

第二批

2

17 马缨丹 *Lantana camara* L.

英文名：Common lantana

中文异名：五色梅、如意草

分类地位：马鞭草科 Verbenaceae

形态特征：直立或披散灌木，高 1～2 m，枝长可达 4 m，茎枝均呈四棱形，有短柔毛，通常有倒钩刺。叶对生，卵形至卵状长圆形，先端急尖或渐尖，基部心形或楔形，边缘有钝齿，腹面有粗糙的皱纹和短柔毛，背面有小刚毛，揉烂后有强烈的臭味。花密集成头状，顶生或腋生，花序梗粗壮。花萼管状，膜质，花冠黄色或橙黄色，开花后变为深红色。核果球形，成熟时紫黑色，直径约 4 mm。

地理分布：原产热带美洲，现已成为全球泛热带有害植物。

入侵历史：明末由西班牙人引入台湾，由于花比较美丽而被广泛栽培引种，后逃逸。现在主要分布于台湾、福建、广东、海南、香港、广西、贵州、云南、四川南部等热带及南亚热带地区。

入侵危害：种子藉动物传播，披散枝可着地生根进行无性繁殖。适应性强，常形成密集的单优群落，严重妨碍并排挤其他植物生存，是我国南方牧场、林场、茶园和橘园的恶性竞争者，其全株或残体可产生强烈的化感物质，严重破坏森林资源和生态系统。有毒植物，误食叶、花、果等均可引起牛、马、羊等牲畜以及人中毒。

防治方法：宜选用除草剂草甘膦（农达）进行化学防治。机械方法宜雨后人工根除，推荐结合机械、化学和生物替代等技术措施进行综合防治。

马缨丹的花枝，侯元同拍摄

马缨丹花序特写，侯元同拍摄

马缨丹橘红色花，于胜祥拍摄

马缨丹的未成熟果实，于胜祥拍摄

成熟果实，于胜祥拍摄

幼果，于胜祥拍摄

花枝，于胜祥拍摄

披散的枝条，李振宇拍摄

马缨丹果实，车晋滇拍摄

马樱丹花枝，李振宇拍摄

马缨丹花序特写，于胜祥拍摄

马缨丹花序 车晋滇拍摄

马缨丹群落，车晋滇拍摄

马缨丹花序　车晋滇拍摄

马缨丹枝叶，车晋滇拍摄

18 三裂叶豚草
Ambrosia trifida L.

三裂叶豚草顶生花序，张润志拍摄

英文名：Giant ragweed

别名：大破布草

分类地位：菊科 Compositae

形态特征：一年生草本，高 50～250 cm，叶对生，有时互生，具叶柄，下部叶 3～5 裂，上部叶 3 裂或有时不裂。裂片卵状披针形或披针形，先端急尖或渐尖，边缘有锐锯齿，有三基出脉，粗糙，上面深绿色，背面灰绿色，两面被短糙伏毛。雄头状花序多数，总苞浅碟状，径约 5 mm，有长 2～3 mm 的细梗，下垂，在枝端排成总状花序。雌头状花序位于雄头状花序下方，聚作团伞状，具叶状苞叶和无被能育的雌花。瘦果为木质总苞所包被形成刺果，刺果倒卵形至长倒卵形，长 6～8 mm，顶端具喙，喙下有 5～7 肋，每肋顶端有瘤突或尖刺，灰褐色至黑色。

地理分布：原产北美洲。

入侵历史：20 世纪 30 年代在辽宁铁岭地区发现，首先在辽宁省蔓延，随后向河北、北京地区扩散，目前分布于吉林、辽宁、河北、北京、天津等省市。常生于荒地、路边、沟旁或农田中，适应性广，种子产量高，每株可产种子 5 000 粒左右。主要靠水、鸟和人为携带传播。

入侵危害：危害小麦、大麦、大豆及各种园艺作物，遮盖和压制作物生长、阻碍农业生产，影响作物产量。其散播的花粉引起人体过敏，产生哮喘，严重时可致人死亡。

防治方法：用除草剂苯达松、虎威、克无踪、草甘膦等可有效控制其生长。

三裂叶豚草，张润志拍摄

三裂叶豚草紫色茎干，张润志拍摄

雄花序特写，张润志拍摄

三裂叶豚草花序，张润志拍摄

三裂状叶片，于胜祥拍摄

入侵危害，于胜祥拍摄

三裂叶豚草成株，车晋滇拍摄

三裂叶豚草雌花序，车晋滇拍摄

三裂叶豚草幼苗，车晋滇拍摄

三裂叶豚草雄花序，车晋滇拍摄

三裂叶豚草群落，李振宇拍摄

三裂叶豚草，李振宇拍摄

19 大藻
Pistia stratiotes L.

大藻群生，于胜祥拍摄

英文名：Water lettuce

别名：水浮莲

分类地位：天南星科 Araceae

形态特征：多年生水生漂浮草本。主茎短缩，有白色成束的须根。匍匐茎从叶腋间向四周分出，茎顶端发出新植株，植株莲座状。叶簇生，叶片因发育的不同阶段而不同，通常倒卵状楔形，先端浑圆或截形，两面被绒毛，叶鞘托叶状，干膜质。佛焰苞小，腋生，白色，外被绒毛，下部管状，上部张开。肉穗花序背面 2/3 与佛焰苞合生，雄花 2～8 朵生于上部，雌花单生于下部。花果期 5～11 月。

地理分布：原产巴西，现广布于热带和亚热带。

入侵历史：《本草纲目》有记载，大约明代引入我国。20 世纪 50 年代作为猪饲料推广栽培。目前黄河以南均有分布，长江流域及以南可以露地越冬。

入侵危害：在平静的淡水池塘和沟渠中极易通过匍匐茎快速繁殖，易被水流冲离栽培场所，带到下游湖泊、水库和静水河湾，引起扩散。常因大量生长而堵塞航道，影响水产养殖业，并导致沉水植物死亡和灭绝，危害水生生态系统。

防治方法：人工打捞，或是用暂时排水的方法使之脱离水源而致其死亡。慎施除草剂，避免污染水体。

大薸单株腹面观，徐克学拍摄

叶片腹、背面，
徐克学拍摄

单株背面观，徐克学拍摄

大薸，于胜祥拍摄

叶片腹面特写，徐克学拍摄

花序，徐克学拍摄

花序腹、背面观，徐克学拍摄

花序正面观，徐克学拍摄

叶侧背面观，徐克学拍摄

大藻成株，于胜祥拍摄

大藻覆盖水体表面，于胜祥拍摄

大藻根部，刘全儒拍摄

大藻成株，车晋滇拍摄

秋季开始发黄的大藻，刘全儒拍摄

20 加拿大一枝黄花
Solidago canadensis L.

英文名： Canadian goldenrod

分类地位： 菊科 Compositae

形态特征： 多年生草本，具长根状茎。茎直立，高 0.3～2.5 m，全部或仅上部被短柔毛。叶互生，离基三出脉，披针形或线状披针形，表面粗糙，边缘具锐齿。头状花序小，在花序分枝上排列成蝎尾状，再组合成开展的大型圆锥花序。总苞具 3～4 层线状披针形的总苞片。缘花舌状，黄色，雌性；盘花管状，黄色，两性。瘦果具白色冠毛。花果期 7～11 月。

地理分布： 原产北美，在北半球温带栽培和归化。

入侵历史： 1935 年作为观赏植物引进，20 世纪 80 年代扩散蔓延成为杂草。各地作为花卉引种，目前在浙江、上海、安徽、湖北、湖南、江苏、江西等地已对生态系统形成危害。

入侵危害： 以种子和根状茎繁殖，根状茎发达，繁殖力极强，传播速度快，生长迅速，生态适应性广阔，从山坡林地到沼泽地带均可生长。常入侵城镇庭园、郊野、荒地、河岸高速公路和铁路沿线等处，还入侵低山疏林湿地生态系统，严重消耗土壤肥力；花期长、花粉量大，可导致花粉过敏症。

防治方法： 手工拔除并彻底根除其根状茎，采用草甘膦等除草剂进行喷施防除。

加拿大一枝黄花，刘全儒拍摄

加拿大一枝黄花花序，周明华拍摄

加拿大一枝黄花根系，周明华拍摄

加拿大一枝黄花花序，周明华拍摄

加拿大一枝黄花果序，周明华拍摄

检疫人员在观察
加拿大一枝黄花危害情况，
周明华提供

加拿大一枝黄花大面积发生，周明华拍摄

加拿大一枝黄花，李振宇拍摄

加拿大一枝黄花枝叶，刘全儒拍摄

加拿大一枝黄花果枝，周明华拍摄

加拿大一枝黄花枯萎的残体，刘全儒拍摄

加拿大一枝黄花萌生新枝，刘全儒拍摄

21　蒺藜草
Cenchrus echinatus L.

英文名： Bear grass

别名： 野巴夫草

分类地位： 禾本科 Gramineae

形态特征： 一年生草本，高 15～50 cm，秆扁圆形，基部屈膝或横卧地面而于节上生根，下部各节常分枝。叶鞘具脊；叶舌短，具纤毛。总状花序顶生，穗轴粗糙；小穗 2～6 个，包藏在由多数不育小枝形成的球形刺苞内，椭圆状披针形，含 2 小花，第一颖具 1 脉，第二颖具 5 脉，第一小花雄性或中性，第二小花两性。刺苞具多数微小的倒刺，总梗密被短毛。在潮湿的热带地方终年可开花结实。

地理分布： 原产美洲的热带和亚热带地区。

入侵历史： 1934 年在台湾兰屿采到标本，现分布于福建、台湾、广东、香港、广西和云南南部等地。

入侵危害： 常生于低海拔的耕地、荒地、牧场、路旁、草地、沙丘、河岸和海滨沙地；刺苞倒刺可附着在衣服、动物皮毛和货物上传播；为花生、甘薯等多种作物田地和果园中的一种危害严重的杂草，入侵后能很快扩充占领空地，降低生物多样性；还可成为热带牧场中的有害杂草，其刺苞可刺伤人和动物的皮肤，混在饲料或牧草里能刺伤动物的眼睛、口和舌头。

防治方法： 在花期前喷施克无踪、草甘膦等除草剂。对于草场、草坪应及时刈割以防止其开花结实导致自然传播扩散。

蒺藜草果序，李振宇拍摄

蒺藜草，刘全儒拍摄

蒺藜草果穗，刘全儒拍摄

蒺藜草丛生状，刘全儒拍摄

蒺藜草附着在衣物上，刘全儒拍摄

蒺藜草果穗，刘全儒拍摄

蒺藜草花序，车晋滇拍摄

蒺藜草丛生，刘全儒拍摄

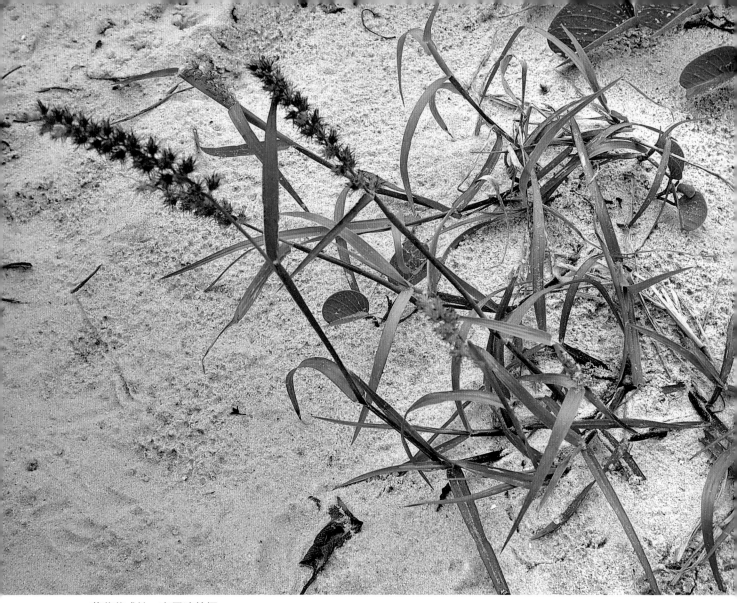

蒺藜草成株，车晋滇拍摄

蒺藜草刺苞，车晋滇拍摄

22 银胶菊
Parthenium hysterophorus L.

英文名： Common parthenium

分类地位： 菊科 Compositae

形态特征： 一年生草本，茎直立，高 0.6～1 m，多分枝。茎下部和中部叶卵形或椭圆形，二回羽状深裂，上面疏被疣基糙毛，下面被较密的柔毛；上部叶无柄，羽裂或指状三裂。头状花序排成伞房花序；总苞片 2 层，每层 5 枚；舌状花 5 枚，白色，先端 2 裂；雄蕊 4 枚；冠毛 2，鳞片状。花果期 4～10 月。

银胶菊单株，李振宇拍摄

地理分布： 原产美国得克萨斯州及墨西哥北部，现广泛分布于全球热带地区。

入侵历史： 1924 年在越南北部被报道，1926 年在云南采到标本，现已入侵云南、贵州、广西、广东、海南、香港和福建等地。

入侵危害： 生于旷地、路旁、河边、荒地，从海岸附近到海拔 1 500 m 都有分布，在西南分布上限可达 2 400 m；恶性杂草，对其他植物有化感作用，吸入其具毒性的花粉会造成过敏，直接接触还可引起人和家畜的过敏性皮炎和皮肤红肿。

防治方法： 开花前人工拔除，生长旺季在其叶上喷施克无踪、草甘膦等除草剂。

银胶菊花枝，刘全儒拍摄

银胶菊花序特写，徐克学拍摄

银胶菊，刘全儒拍摄

银胶菊花序，傅连中拍摄

银胶菊，李振宇拍摄

银胶菊幼苗，刘全儒拍摄

银胶菊幼苗，车晋滇拍摄

花序特写，于胜祥拍摄

银胶菊丛生危害，徐克学拍摄

银胶菊成株，徐克学拍摄

银胶菊成株，徐克学拍摄

23 黄顶菊
Flaveria bidentis (L.) Kuntze

英文名：Coastal plain yellowtops

分类地位：菊科 Compositae

形态特征：一年生草本，茎粗壮，有纵沟槽，散生柔毛，高 5 ~ 200 cm。叶有短柄，交互对生，长圆状披针形至长圆状椭圆形，具基出 3 脉，叶缘具齿。头状花序紧密地积聚在很短的花序梗顶端，呈平顶形伞房状或蝎尾状圆锥花序，花黄色，小花总苞片 2 ~ 5 枚，边缘花能育，舌状花长圆形，管状花冠筒不显著，雄蕊 1。瘦果黑色，具 10 条纵肋，稍扁平，无冠毛。花果期 6 ~ 10 月。

黄顶菊，张润志拍摄

地理分布：原产南美，北美归化。

入侵历史：于 2000 年发现于天津南开大学校园，目前主要分布于天津、河北、河南、山东等地，有继续扩散蔓延的趋势。

入侵危害：世界著名入侵种之一，恶性杂草，植株高大。种子 4 ~ 6 月陆续发芽，生长极快，适应性极强。严重消耗土壤肥力，导致农作物减产，其根系能产生化感物质，抑制其他生物生长，并最终导致其他植物死亡，从而降低生物多样性。

防治方法：及时人工锄草，或在苗期阶段适时喷施除草剂百草枯和草甘膦。

黄顶菊幼苗，车晋滇拍摄

黄顶菊花枝，张润志拍摄

黄顶菊，刘全儒拍摄

黄顶菊茎叶，刘全儒拍摄

黄顶菊茎叶，刘全儒拍摄

黄顶菊幼花序，刘全儒拍摄

黄顶菊幼株，车晋滇拍摄

黄顶菊花序特写，张润志拍摄

黄顶菊花枝，张润志拍摄

24 土荆芥 *Chenopodium ambrosioides* L.

土荆芥，侯元同拍摄

英文名：Mexican tea herb

别名：臭草、杀虫芥、鸭脚草

分类地位：藜科 Chenopodiaceae

形态特征：一年生或多年生草本，有强烈的令人不愉快的香味，高50～100 cm，茎多分枝，具棱；有毛或近无毛。叶长圆状披针形，边缘具稀疏不整齐的大锯齿，具短柄，下面有散生油点并沿脉稍有毛，下部的叶较宽大，上部叶逐渐狭小而近全缘。花两性及雌性，通常3～5个团集，生于上部叶腋；花被裂片5，较少为3，绿色；雄蕊5；花柱不明显，柱头通常3，较少为4，丝状，伸出花被外。胞果扁球形。花果期在夏、秋季节，种子细小，结实量极大。

地理分布：原产中、南美洲，现广泛分布于全世界温带至热带地区。

入侵历史：1864年在台湾省台北淡水采到标本，现已广布于北京、山东、陕西、上海、浙江、江西、福建、台湾、广东、海南、香港、广西、湖南、湖北、重庆、贵州、云南等地。通常生长在路边、河岸等处的荒地以及农田中。

入侵危害：在长江流域经常是杂草群落的优势种或建群种，种群数量大，对生长环境要求不严，极易扩散，常常侵入并威胁种植在长江大堤上的草坪。含有毒的挥发油，对其他植物产生化感作用。也是花粉过敏源，对人体健康有害。

防治方法：苗期及时人工锄草，花期前喷施百草枯等除草剂。

土荆芥花特写，于胜祥拍摄

土荆芥花枝，于胜祥拍摄

土荆芥，侯元同拍摄

土荆芥群落，刘全儒拍摄

土荆芥群落，李振宇拍摄

土荆芥花特写，于胜祥拍摄

土荆芥，刘全儒拍摄

土荆芥成株，刘全儒拍摄

土荆芥果枝，刘全儒拍摄

25 刺苋 *Amaranthus spinosus* L.

英文名：Thorny amaranth

分类地位：苋科 Amaranthaceae

形态特征：一年生草本，高 30～100 cm；茎直立，多分枝，有纵条纹，绿色或带紫色，无毛或稍有柔毛。叶片菱状卵形或卵状披针形，先端圆钝，具小凸尖，叶柄基部两侧各有 1 刺。圆锥花序腋生及顶生；苞片在腋生花簇及顶生花穗的基部者变成尖锐直刺，在顶生花穗的上部者狭披针形，花被片绿色，顶端急尖，具凸尖，中脉绿色或带紫色。胞果长圆形，包裹在宿存花被片内，在中部以下不规则横裂。花果期 7～11 月，种子细小，结实量极大。

地理分布：原产热带美洲，目前中国、日本、印度、中南半岛、马来西亚、菲律宾等地皆有分布。

入侵历史：19 世纪 30 年代在澳门发现，1857 年在香港采到。现已成为我国热带、亚热带和暖温带地区的常见杂草，广布于陕西、河北、北京、山东、河南、安徽、江苏、浙江、江西、湖南、湖北、四川、重庆、云南、贵州、广西、广东、海南、香港、福建、台湾等地。

入侵危害：入侵旷地、园圃、农耕地等，常大量滋生危害旱作农田、蔬菜地及果园，严重消耗土壤肥力，成熟植株有刺因而清除比较困难，并伤害人畜。

防治方法：苗期及时人工锄草，花期前喷施除草剂百草枯。

刺苋成株，侯元同拍摄

刺苋，李振宇拍摄

花序特写，徐克学拍摄

刺苋，李振宇拍摄

刺苋花序特写，侯元同拍摄

刺苋茎干上的刺与雌花，徐克学拍摄

刺苋茎干上的刺，侯元同拍摄

刺苋植株的颜色变化，侯元同拍摄

刺苋成株，徐克学拍摄

叶片腹、背面观，徐克学拍摄

刺苋群生，侯元同拍摄

刺苋群落，刘全儒拍摄

茎刺，徐克学拍摄

刺苋植株，刘全儒拍摄

26 落葵薯
Anredera cordifolia (Tenore) Steenis

英文名：Madeira vine, Mignonette vine, Bridal wreath

别名：藤三七、川七

分类地位：落葵科 Basellaceae

形态特征：常绿大型藤本，长可达 10 多米。根状茎粗壮。叶卵形至近圆形，先端急尖，基部圆形或心形，稍肉质，腋生珠芽（小块茎）常多枚集聚，形状不规则。总状花序具多花，花序轴纤细，弯垂；花小，白色。在我国一般不结果。

地理分布：南美热带和亚热带地区。

入侵历史：1926 年在江苏采到标本，目前已广泛栽培，在河南、安徽、浙江、重庆、四川、贵州、湖北、湖南、广西、广东、云南、香港、澳门、福建等地逸为野生。

入侵危害：以块根、珠芽、断枝高效率繁殖，生长迅速，珠芽滚落或人为携带，极易扩散蔓延，由于其枝叶的密集覆盖，从而导致下面被覆盖的植物死亡，同时也对多种农作物有显著的化感作用。

防治方法：机械拔除，地下要彻底挖出其块根，同时彻底清理地上散落的珠芽，连同茎干一起干燥粉碎或者深埋，避免再次滋生蔓延。化学防治宜在幼苗期，成年植株抗药性很强。

落葵薯，于胜祥拍摄

落葵薯，李振宇拍摄

落葵薯花序，车晋滇拍摄

落葵薯花序，刘全儒拍摄

落葵薯珠芽，车晋滇拍摄

落葵薯花序，刘全儒拍摄

落葵薯缠绕树木，刘全儒拍摄

落葵薯花序特写，刘全儒拍摄

落葵薯爬蔓，刘全儒拍摄

落葵薯，于胜祥拍摄

落葵薯花序特写，于胜祥拍摄

27 桉树枝瘿姬小蜂
Leptocybe invasa Fisher et LaSalle

英文名：Blue gum chalcid

分类地位：膜翅目 Hymenoptera，姬小蜂科 Eulophidae

形态特征：雌虫体长 1.1～1.4 mm，褐色具蓝绿色金属光泽。复眼暗红色；触角 9 节，浅黑褐色；足淡黄色；腹部卵形，近胸长，产卵器鞘短，长不达腹末。雄虫体长 0.8～1.2 mm，形态近似于雌蜂，略修长；触角 10 节，梗节中部具腹面凸，索节和棒节轮生纤长触角毛。幼虫微小，乳白色球状，无足。

生物学特征：桉树枝瘿姬小蜂专一危害桉属，寄主包括数十个品种。雌虫产卵于桉树幼嫩组织内，幼虫孵化后刺激寄主组织逐渐形成虫瘿，并于瘿室内发育直至羽化。自然条件下，该虫平均 138 天完成 1 个世代，每年发生 2～3 代，世代重叠。雌虫产卵量近 200 粒。该小蜂种群性比显著偏雌，繁殖能力强，种群密度大，扩散迅速，极高和极低温度下均可发生危害。

地理分布：除北美洲外，其他各大洲共计 20 多个国家均有分布。目前，在我国分布于广西、海南以及广东省的部分地区。

入侵历史：该小蜂原产澳大利亚，2000 年被首次记述于中东地区，之后相继在非洲地区的乌干达和肯尼亚，亚洲的泰米尔地区以及欧洲的葡萄牙发现，并迅速扩散蔓延。2007 年，在我国广西与越南交界处首次发现该种小蜂，2008 年相继在海南和广东发现。

入侵危害：桉树枝瘿姬小蜂主要危害桉树苗木和幼林，

叶脉虫瘿，吴耀军拍摄

在嫩枝、叶柄及叶片主脉上形成虫瘿，导致叶、枝肿大变形，新梢和侧枝丛生，虫口密度高时可导致枝叶枯萎凋落，植株生长受阻甚至死亡，造成苗圃及新植桉林严重损失。该虫自发现后迅速扩散蔓延，危害严重，对我国华南、西南等地区的桉树种植造成了极大的威胁。

防治方法：采用苗圃袋苗桉树枝瘿姬小蜂化学控制技术能达到较好的效果。

雌成虫寻找合适产卵部位，吴耀军拍摄

枝条上的虫瘿，吴耀军拍摄

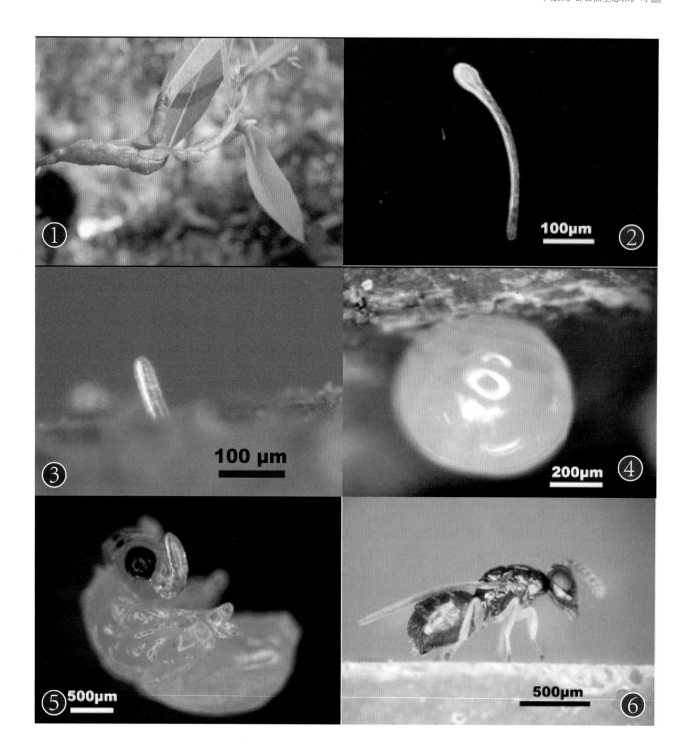

1. 叶脉、叶柄及嫩枝虫瘿

2. 桉树枝瘿姬小蜂卵

3. 产于寄主组织中的卵（卵柄露出）

4. 桉树枝瘿姬小蜂幼虫

5. 桉树枝瘿姬小蜂蛹

6. 桉树枝瘿姬小蜂雌成虫

7. 雌成虫产卵器

8. 雌成虫触角

9. 前翅

10. 雄成虫

11. 雄成虫触角

12. 雄成虫外生殖器

13. 虫瘿

14. 危害状

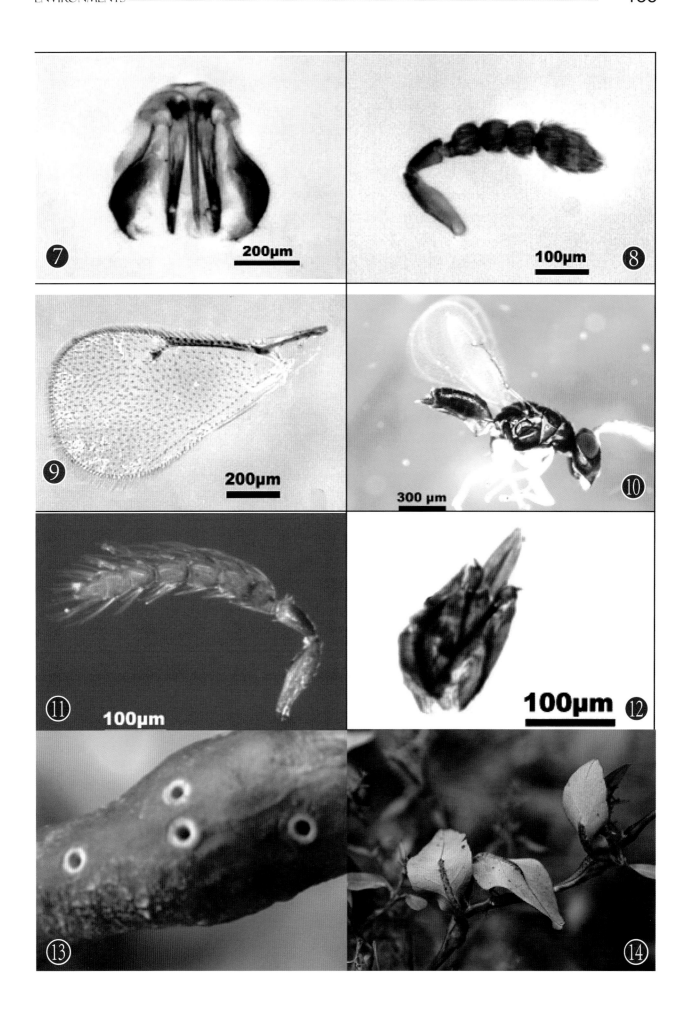

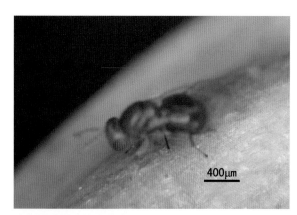

桉树枝瘿姬小蜂虫瘿产卵，
吴耀军拍摄

成虫羽化孔，吴耀军拍摄

不形成虫瘿桉树无性系受成虫穿刺或产卵危害后，生长受抑制，吴耀军拍摄

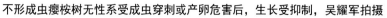

枝条，小枝，叶柄主脉虫瘿使桉树相应部位扭曲变形，吴耀军拍摄

严重受害及干旱、其他病虫作用致梢枯，吴耀军拍摄

28 稻水象甲 *Lissorhoptrus oryzophilus* Kuschel

英文名：Rice water weevil

别名：稻水象

分类地位：鞘翅目 Coleoptera，象甲科 Curculionidae

形态特征：成虫体长 2.5～3.8 mm，头部延长呈象鼻状。前胸背板中部、鞘翅中部黑色，身体其余部分褐色。卵长约 0.8 mm，圆柱形，刚产下时白色。老龄幼虫体长约 10 mm，白色，无足，头部褐色，腹部背面有几对呼吸管。老熟幼虫在寄主根上作茧，茧大小和形状似绿豆，幼虫在茧内化蛹，蛹白色。

生物学特征：在我国双季稻区一年发生 2 代，但主要以第一代产生危害，第二代发生轻。成虫主要在田边坡地、田埂上、沟渠边等场所的土表、土缝中越冬，越冬场所一般有茅草等禾本科植物。越冬成虫第二年春末夏初先取食幼嫩寄主植物，等秧田揭膜或稻秧移栽后再迁移到稻苗上取食。卵产在浸水的叶鞘内，幼虫孵化后不久就转移到稻根取食。在稻根上结茧化蛹，成虫羽化后大部分飞离稻田（少数留在田埂上）越夏并接着越冬。成虫有趋光性，假死性。

地理分布：目前分布在河北、辽宁、吉林、山东、山西、陕西、浙江、安徽、福建、湖南、云南、台湾等省市。国外主要分布在美国、日本、韩国、朝鲜等国家。

入侵历史：我国首先于 1988 年在河北唐海发现此虫，接着先后在天津（1990）、辽宁（1991）、山东（1992）、吉林（1993）、浙江（1993）、福建（1996）、北京（2000）、安徽（2001）、湖南（2001）、山西（2003）、陕西（2003）、云南（2007）、黑龙江（2007）、贵

稻水象甲成虫，张润志拍摄

州（2010）、四川（2010）、新疆（2010）、内蒙古（2011）等地发现。

入侵危害：主要危害水稻。成虫沿稻叶叶脉啃食叶肉，留下长短不等的白色长条斑。幼虫咬食稻根，造成断根，使稻株生长矮小，分蘖数减少，稻谷千粒重下降，从而影响产量。

防治方法：稻水象甲一旦传入后就很难根除，因此加强检疫是防止其扩散蔓延的关键。禁止从疫区调运秧苗、稻草、稻谷和其他寄主植物，禁止将疫区的稻草或其他寄主植物用于填充材料。在4～5月份越冬后成虫开始取食期间，可通过察看水稻秧苗等寄主植物上有无条状取食斑，以便及早发现。防治方法上，可通过调整水稻移栽期、合理排灌水来避害，或者通过物理诱捕来杀灭成虫，也可通过施用农药来防治。现在还没有切实有效的生物防治方法。

稻水象甲成虫侧面观，张润志拍摄

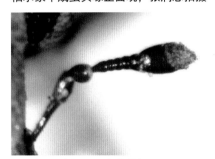

稻水象甲成虫头喙正面观，张润志拍摄

稻水象甲触角，张润志拍摄

稻水象甲成虫背面观，张润志拍摄

稻水象甲前胸背板，张润志拍摄

稻水象甲足跗节，张润志拍摄

稻水象甲成虫危害水稻，张润志拍摄

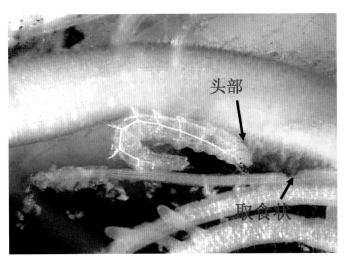

稻水象甲幼虫取食根系，张润志拍摄

幼虫危害根部，张润志拍摄

水稻受危害状，张润志拍摄

受害水稻，张润志拍摄

受害的水稻根部，张润志拍摄

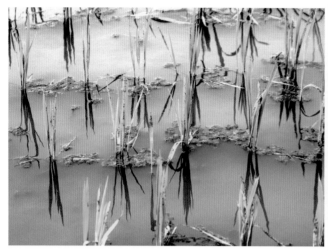

稻水象甲危害状，张润志拍摄

受害稻田，张润志拍摄

水稻受害叶片，张润志拍摄

29 红火蚁 *Solenopsis invicta* Buren

英文名：Red imported fire ant

分类地位：膜翅目 Hymenoptera，蚁科 Formicidae

形态特征：主要以工蚁形态特征鉴定种类。工蚁体色棕红色至棕褐色，略有光泽，体长 2.5～7.0 mm，无明显工蚁、兵蚁之分。复眼黑色，由数十个小眼组成。触角 10 节，端部两节膨大呈棒状。中小型工蚁唇基两侧各有 1 齿，内缘中央有 1 个三角形小齿，齿基部上方着生刚毛 1 根。

红火蚁，张润志拍摄

生物学特征：社会性昆虫，生活于土壤中。成熟种群数量可达 20～50 万头。蚁后每天产 1 500～5 000 粒卵，经过 20～45 天发育为中小型工蚁、30～60 天发育为中大型工蚁、80 天发育为大型兵蚁、蚁后和雄蚁。蚁后寿命 6～7 年，工蚁和兵蚁寿命 1～6 个月。新建蚁巢经过 4～5 个月开始成熟并产生有翅生殖蚁，进行婚飞活动。食性杂，工蚁具明显攻击性。

地理分布：原产南美洲多国，现分布于南美洲多国、美国、澳大利亚、马来西亚、中国（台湾、广东、香港、澳门、广西、福建、湖南）等地区。

入侵历史：2003 年 10 月台湾桃园报道发生红火蚁，2004 年 9 月广东吴川报道发生红火蚁。2005 年监测显示，广东深圳、广州、东莞、惠州、河源、珠海、中山、梅州、高州、茂名、阳江、云浮，广西南宁、北流、陆川、岑溪，湖南张家界，福建龙岩等地均有红火蚁发生。

入侵危害：取食作物种子、果实、幼芽、嫩茎与根系，给农作物造成相当程度的伤害；通过竞争、捕食，减少无脊椎动物及脊椎动物数量，破坏生物多样性；人体被红火蚁螫针刺后有灼伤般疼痛感，可出现如灼伤般的水疱、脓包，敏感体质人群出现局部或全身过敏，甚至休克、死亡；对公共设施如电力、通信系统有一定危害，可给发生地区造成巨大经济损失。

防治方法：可采用物理防治、化学防治和生物防治等方法防治。快速有效的灭除方法是：使用毒饵为主，结合使用其他化学药剂防治。一般一年 2 ～ 3 次全面防治、重点补治。

红火蚁，张润志拍摄

红火蚁蚁巢，张润志拍摄

红火蚁蚁群，张润志拍摄

红火蚁蚁巢，张润志拍摄

红火蚁蚁巢，张润志拍摄

红火蚁蚁巢，张润志拍摄

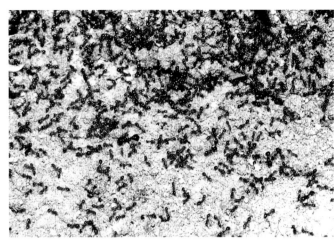

红火蚁蚁群，张润志拍摄

红火蚁蚁巢，张润志拍摄

红火蚁蚁巢，张润志拍摄

红火蚁蚁巢，张润志拍摄

药剂灌巢防治后留下的蚁巢痕迹，张润志拍摄

红火蚁蚁巢，张润志拍摄

花生田因红火蚁危害而缺苗，张润志拍摄

红火蚁幼虫，张润志拍摄

红火蚁攻击蚯蚓，买国庆拍摄

红火蚁发生现场·山坡林缘，张润志拍摄

红火蚁发生现场·农田边缘，张润志拍摄

红火蚁严重发生地块存在大量蚁巢，
张润志拍摄

红火蚁完整蚁巢，张润志拍摄

红火蚁蚁巢内典型的蜂窝状，
张润志拍摄

毒饵防治后红火蚁蚁巢附近的蚁尸堆，
张润志拍摄

30 克氏原螯虾 *Procambarus clarkii* (Girard)

克氏原螯虾，张润志拍摄

英文名： Red swamp crayfish

别名： 小龙虾、淡水小龙虾、喇蛄、红色螯虾

分类地位： 十足目 Decapoda，螯虾科 Cambaridae

形态特征： 外壳红色而坚硬，头部具额剑，有 1 对复眼，2 对触角；5 对胸足，第 1 对大螯状，6 对腹足，1 对尾节。雄性前 2 对腹肢变为管状交接器，雌性第 1 对腹肢退化。

生物学特征： 抗逆性强，能耐受－ 15 ～ 40℃的气温；水体缺氧时，可上岸或借助漂浮物侧卧于水面呼吸空气，潮湿环境中可离水存活 1 周，也能在污水中生活。喜占洞穴居，领域行为强，具侵略性。半年可达性成熟，全年皆可繁殖，具有护幼习性，幼体蜕皮 3 次后才离开母虾。

地理分布： 广泛分布于全国 20 多个省市，南起海南岛，北到黑龙江，西至新疆，东达崇明岛均可见其踪影，华东、华南地区尤为密集。

入侵历史： 原产北美洲，现已广泛分布于除南极洲以外的世界各地。20 世纪 30 年代进入我国，60 年代食用价值被发掘，养殖热度不断上升，各地引种无序，80 ～ 90 年代大规模扩散。

入侵危害： 克氏原螯虾可通过抢夺生存资源，捕食本地动植物，携带和传播致病源等方式危害土著物种。有研究发现，该螯虾在预知和躲避敌害方面表现出比土著螯虾更高的适应性。另外它喜爱掘洞筑巢的习性对泥质堤坝具有一定的破坏作用，轻则导致灌溉用水流失，重则引发决堤洪涝等险情。

防治方法： 通过投放野杂鱼捕食克氏原螯虾幼苗以控制其种群规模。在尚未引种的地区，应展开其环境风险评估和早期预警，对已广泛分布地区，加强养殖管理。

克氏原螯虾，张润志拍摄

大量发生的克氏原螯虾，刘胜英拍摄

克氏原螯虾，刘胜英拍摄

克氏原螯虾侧面观，刘胜英拍摄

克氏原螯虾成体腹面观，刘胜英拍摄

克氏原螯虾正面观

头部背面观

头部侧面观

眼部特写

螯

作为食品的克氏原螯虾

张润志拍摄

31 苹果蠹蛾 *Cydia pomonella* (L.)

英文名：Codling moth

别名：苹果小卷蛾、苹果食心虫

分类地位：鳞翅目 Lepidoptera，卷蛾科 Tortricidae

形态特征：成虫体长 9 mm 左右，翅展 19～20 mm，是一种小型的蛾类，翅灰白色，具很细的深灰色条纹。翅的末端有一块褐色的三角形斑纹，斑纹有金属铜一样的光泽。幼虫成熟时体长在 14～18 mm，背部颜色为淡红色，腹部颜色为黄白色。

生物学特征：发育为完全变态型，包括卵、幼虫、蛹和成虫四个形态。雌性成虫产单个卵，产卵的位置一般在果实的表面或者靠近果实的叶片及嫩枝上。孵化出来的幼虫钻入果实取食果肉及种子。幼虫经过四次蜕皮后化蛹，在化蛹前幼虫会离开果实，在果树树干翘皮、裂缝或树洞等隐蔽场所吐丝结茧。新的成虫由蛹羽化而来，交配产卵以开始一个新的世代。苹果蠹蛾在不同地区发生代数不同，少则 1 代，多则 5 代。在冬季，该虫以老熟幼虫的形态越冬。

地理分布：苹果蠹蛾遍布于世界各大洲的苹果和梨的产区。在我国主要分布于新疆全境、甘肃省的中西部、内蒙古西部以及黑龙江南部等地。

入侵历史：苹果蠹蛾在 20 世纪 50 年代前后经由中亚地区进入我国新疆，在 50 年代中后期已经遍布新疆全境，80 年代中期该虫进入甘肃省，之后持续向东扩张。2006 年，在内蒙古自治区发现有该虫的分布。另外，

苹果蠹蛾成虫，张润志拍摄

2006 年也在黑龙江省发现，这一部分可能由俄罗斯远东地区传入。

入侵危害： 苹果蠹蛾幼虫蛀食果实，被蛀的果实无法食用并且极易落果，蛀果率可在 80％以上。该虫传入后不易根除，对我国的梨果类水果危害很大，可使我国水果产业遭受严重损失。

防治方法： 目前主要防治手段是采用苹果蠹蛾性信息素迷向防治技术，以寄生蜂、昆虫病毒为主要材料的生物防治技术也取得了许多进展，应用的面积正在逐步扩大。采用农业防治、物理防治以及选择性杀虫剂防治等多种方法相结合的综合防治措施更为有效。

苹果蠹蛾成虫，张润志拍摄

苹果蠹蛾幼虫，张润志拍摄

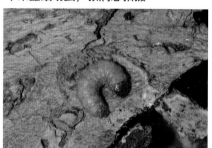

苹果蠹蛾越冬幼虫，张润志拍摄

苹果蠹蛾的卵，杜磊拍摄

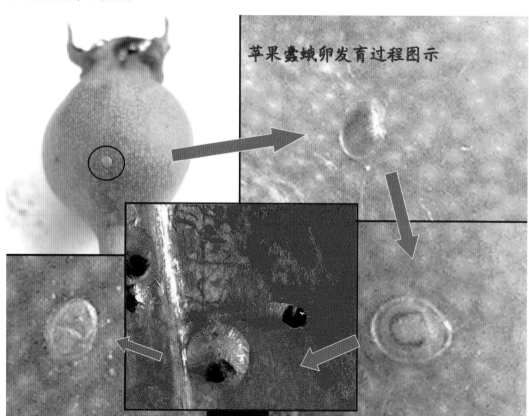

苹果蠹蛾卵发育过程图示

苹果蠹蛾一蛹，贾迎春拍摄

苹果蠹蛾危害状

苹果蠹蛾危害状，张润志拍摄

苹果蠹蛾危害的果实，张润志拍摄

32 三叶草斑潜蝇 *Liriomyza trifolii* (Burgess)

三叶草斑潜蝇成虫

英文名： American serpentine leaf miner

别名： 三叶斑潜蝇

分类地位： 双翅目 Diptera，潜蝇科 Agromyzidae

形态特征： 成虫体长 1.3～2.3 mm。虫体主要呈黑灰色和黄色，头顶和额区黄色。触角 3 节均黄色，触角芒淡褐色。腹部可见 7 节，各节背板黑褐色，腹板黄色。卵圆形，米色略透明，将孵化时卵色呈浅黄色。 幼虫蛆状，共 3 龄，初孵无色略透明，渐变淡黄色，末龄幼虫为橙黄色。蛹椭圆形，围蛹，初蛹呈橘黄色，后期蛹色变深呈金棕色，脱出叶外化蛹。

生物学特征： 三叶草斑潜蝇分卵、幼虫、蛹、成虫 4 个虫态。成虫在叶片正面取食和产卵，卵产在叶表下；幼虫孵出后，即潜食叶片造成潜道；在土壤表层或叶面上化蛹；完成 1 个世代大约需要 3 周。该虫一年可发生多代，部分地区达 10 代以上。在温室内，全年都能繁殖。

地理分布： 三叶草斑潜蝇起源于北美洲，现在已经扩散到美洲、欧洲、非洲、亚洲、澳洲和太平洋岛屿的 80 多个国家和地区。在我国主要分布于台湾、广东、海南、云南、浙江、江苏、上海、福建等省市。

入侵历史： 20 世纪 60 年代以后，从美国开始向世界各地传播至非洲各国、南美洲及英国、荷兰等几个欧洲国家，后传至意大利、匈牙利、法国、南斯拉夫、以色列、日本。2005 年 12 月在广东省中山市发现，其后在海南、浙江、云南、上海等地发现。

入侵危害：三叶草斑潜蝇寄主范围广泛，目前所记载的寄主种类超过了400种，其中包括多种蔬菜、花卉、粮食作物和经济作物以及多种杂草。三叶草斑潜蝇主要以幼虫潜食寄主叶片。幼虫在叶片内潜食，形成不规则虫道，降低植物光合作用，严重时导致落叶甚至枯死，使花卉、果蔬等园艺植物的观赏和商品价值下降或丧失。

防治方法：根据该虫不同虫态选择合适农药，可用乙基谷硫磷、异恶哇硫磷、氟铃脲等；可释放潜蝇姬蜂控制三叶草斑潜蝇；用黄板诱杀保护地中的斑潜蝇成虫。在作物生长期间，采用间作套种形成保护带，然后集中处理保护带。在作物采收后，毁灭植物残枝，清除温室或田间内外杂草，挖沟深埋可能被蛹感染的土壤，或利用薄膜覆盖和灌溉相结合的方法消除土壤中的蛹。

三叶草斑潜蝇侧面观

受害状

受害状

成虫产卵

三叶草斑潜蝇成虫

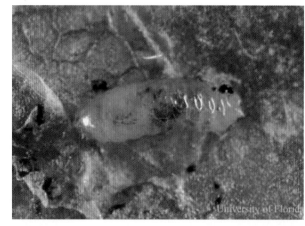

幼虫

蛹

三叶草斑潜蝇成虫

三叶草斑潜蝇成虫危害

叶片中的蛹

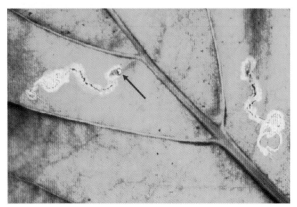

受害状

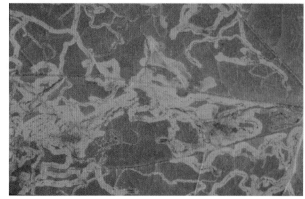

受害状

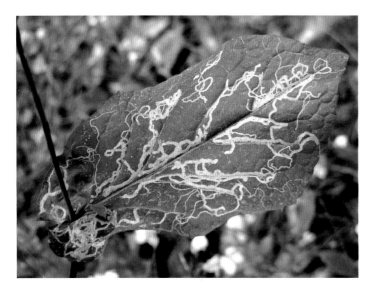

潜叶危害，张润志拍摄

大面积受害，张润志拍摄

潜叶危害，张润志拍摄

33 松材线虫

Bursaphelenchus xylophilus (Steiner et Buhrer) Nickle

英文名： Pine wood nematode

分类地位： 滑刃目 Aphelenchida，滑刃科 Aphelenchoididae

形态特征： 成虫体细长，约 1 mm，唇区高，缢缩显著。口针细长，14～16 μm，基部球明显。雌虫尾部近圆柱形，末端钝圆。雄虫体似雌虫，交合刺大，弓状成对，喙突显著，尾部似鸟爪，向腹面弯曲。

生物学特征： 包括两个生活周期：繁殖周期和扩散周期。繁殖周期雌雄虫交尾后产卵，每只雌虫产卵约 100 粒。幼虫共 4 个龄期。25℃时 1 个世代 4～5 天。自然越冬条件下，停止繁殖发育，形成扩散型 3 龄和 4 龄幼虫。低温条件下能够存活 2～3 个月。

地理分布： 原产北美洲。美国、加拿大、墨西哥、日本、韩国、葡萄牙和中国江苏、浙江、安徽、福建、江西、山东、湖北、湖南、广东、重庆、贵州、云南等 15 省市，193 个县均有发生。

入侵历史： 1982 年在南京中山陵首次发现。近距离传播主要靠媒介天牛（如松墨天牛）携带传播；远距离主要靠人为调运疫区的苗木、松材、松木包装箱等进行传播。

入侵危害： 主要危害松属植物，也危害云杉属、冷杉属、落叶松属和雪松属。病原线虫扩散型 4 龄幼虫通过媒介昆虫松墨天牛进入松树木质部，在树脂道中，大量繁殖后遍及全株，造成导管阻塞，植株失水，蒸腾作用降低，树脂分泌急剧减少和停止。在夏秋季针叶失水萎蔫褪绿，变黄色至红褐色，松树整株枯死，且红色针叶当年不脱落，

松材线虫传媒昆虫——松墨天牛，张润志拍摄

从树干可见大量松墨天牛寄生痕迹，木质部呈蓝色。松材线虫几乎毁灭了在香港广泛分布的马尾松林，而且由于扩展迅速，现已对黄山、张家界等风景名胜区的天然针叶林构成了巨大威胁。

防治方法：人工伐除病死树，尤其要注意疫木安全处理；林间利用引诱剂诱捕、化学防治和生物防治技术（如寄生性天敌管氏肿腿蜂和花绒坚甲）防治媒介昆虫松墨天牛；加强检疫，防止疫区木材携带该种或松墨天牛扩散传播。

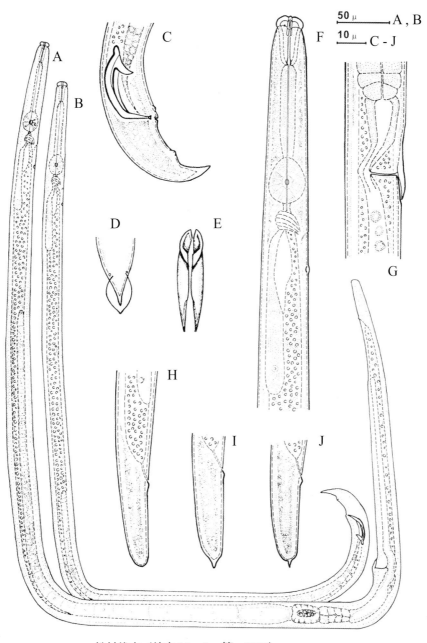

松材线虫（摘自 Mamiya 等，1972）

A. 雌虫　　B. 雄虫　　C. 雄虫尾部　　D. 雄虫尾部腹面观（示交合伞）

E. 交合刺腹面观　　F. 雌虫前端　　E. 雌虫阴门　　H-J. 雌虫尾部

松墨天牛——幼虫

松墨天牛——幼虫危害状

松墨天牛——产卵刻槽

松墨天牛——低龄幼虫危害状

松墨天牛——蛹—背面观

松墨天牛——蛹—腹面观

松墨天牛——成虫羽化飞出

松材线虫病——马尾松病死木

时树冠下部的枝条先行枯死，继而上部针叶枯黄脱落，嫩梢卷曲或停止生长，最后全株枯死。一般松林受害 3～5 年后，即可造成成片松林枯死，因此危害严重。

防治方法：严格禁止疫区或疫情发生区的马尾松等松属植物的枝条、针叶和球果及各种松类苗木、盆景、圣诞树等特殊用苗外运。对于受害植物材料可用松脂柴油乳剂或久效磷乳油均匀喷洒或销毁处理。对蚧虫危害的松林应适当进行修枝间伐，保持冠高比为 2：5，侧枝保留 6 轮以上，以降低虫口密度，增强树势。还可在林间释放天敌花角蚜小蜂进行防治。

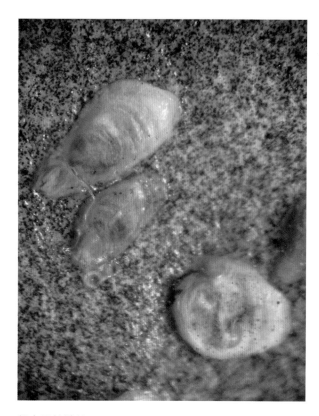

松突圆蚧镜检

受危害松树

松突圆蚧危害状

松突圆蚧危害状，侯有明拍摄

松突圆蚧寄生的枝条

松突圆蚧危害状，侯有明拍摄

松突圆蚧危害状，侯有明拍摄

松突圆蚧危害状，侯有明拍摄

35 椰心叶甲 *Brontispa longissima* (Gestro)

英文名：Coconut leaf beetle

分类地位：鞘翅目 Coleoptera，铁甲科 Hispidae

形态特征：成虫体狭长扁平，具光泽；长 6～10 mm，宽 1.9～2.1 mm；头部红黑色，胸部棕红色；鞘翅狭长黑色，有时鞘翅基部 1/4 红褐色；足棕红色至棕褐色，粗短；触角粗线状，1～6 节红黑色，7～11 节黑色。

生物学特征：在海南 1 年可发生 3～5 代，每个世代需要 55～110 天，成虫平均寿命 156 天，雌成虫产卵期较长，可达 5～6 个月，每头雌虫平均产卵 119 粒。成虫惧光，成、幼虫常聚集取食，世代重叠明显。

地理分布：国外主要分布于越南、缅甸、泰国、印度尼西亚、马来西亚、新加坡等国家和地区。国内主要分布于海南、广东、广西、香港、澳门和台湾。

入侵历史：2002 年 6 月，海南省首次发现椰心叶甲，当年扩散蔓延到海口、三亚及文昌 3 市县；2003 年扩散蔓延到万宁、琼海、定安、陵水、屯昌、儋州、澄迈、保亭 8 市县，2004 年年底扩散蔓延至海南全省。同时云南河口，广西、广东及福建 3 省沿海地区也相继发生椰心叶甲危害。

入侵危害：20 世纪 70 年代，椰心叶甲传入美属萨摩亚的图图伊拉岛等地区，造成产量损失高达 50%～70%。2005 年，我国染虫棕榈植物超过 500 万株。受害的椰子、槟榔等棕榈植物的生长受阻，减产 60%～80%，严重时植株大面积死亡。

入侵害虫椰心叶甲危害状，张润志拍摄

防治方法： 释放天敌椰心叶甲啮小蜂和椰甲截

脉姬小蜂进行生物防治是目前采用的最经济、

有效、持久和环境友好的方式。

椰心叶甲，鞠瑞亭拍摄

椰心叶甲卵，符悦冠拍摄

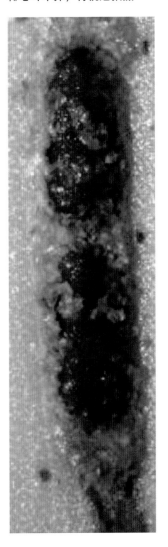

椰心叶甲不同龄期幼虫，符悦冠拍摄

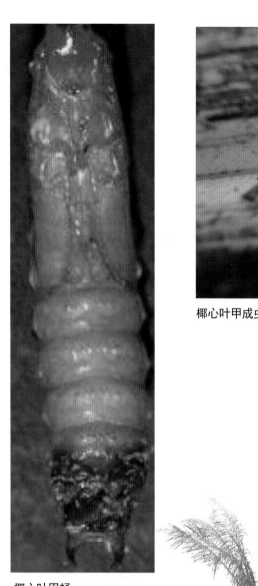

椰心叶甲蛹，
符悦冠拍摄

椰心叶甲成虫，鞠瑞亭拍摄

椰心叶甲危害状，鞠瑞亭拍摄

入侵害虫椰心叶甲危害状，张润志拍摄

椰心叶甲危害状及成虫，符悦冠拍摄